五星红旗迎风飘扬

大国利器

空 中 耳 目

侦察机、预警机

张浩 著

陕西新华出版传媒集团

未 来 出 版 社

图书在版编目（CIP）数据

空中耳目：侦察机、预警机 / 张浩著. -- 西安：未来出版社，2017.12
（五星红旗迎风飘扬·大国利器）
ISBN 978-7-5417-6294-9

Ⅰ.①空… Ⅱ.①张… Ⅲ.①侦察机－青少年读物②预警机－青少年读物 Ⅳ.①E926.3-49

中国版本图书馆CIP数据核字（2017）第274434号

五星红旗迎风飘扬·大国利器

空中耳目:侦察机、预警机
张浩 著

选题策划	陆 军 王小莉	
责任编辑	陈 艳	
封面设计	屈 昊	
美术编辑	许 歌	
出版发行	未来出版社（西安市丰庆路91号）	
印 刷	兰州新华印刷厂	
开 本	710mm×1000mm 1/16	
印 张	13	
版 次	2018年2月第1版	
印 次	2018年2月第1次印刷	
书 号	ISBN 978-7-5417-6294-9	
定 价	39.80元	

目录

空中耳目:侦察机、预警机

前　言

　　这本书是关于先进军事科技产物——预警机的入门读物。预警机领域是一个专业性、技术性极强的领域，本书力求以简单、轻松的方式，向青少年读者朋友们展示出一个神秘而精彩的预警机世界。

　　预警机是现代化战争的"空中帅府"，是一个军事强国所必备的武器，是打赢现代化、信息化战争不可或缺的组成部分。预警机的发展也已经走过了70年的历程，在这70年中，预警机从简单的放大型侦察机，转变为空中警戒指挥机，从协调一个小机队的行动，转变为协调一场规模庞大的空中战役。人类科技的进步，在预警机的身上展现得淋漓尽致。

　　预警机主导了许多的空中战役，在叙利亚的贝卡谷地上空、海湾的伊拉克上空、东欧的南联盟上空，无不展现着预警机不可取代的地位和高超的作战能力。正因为预警机如此的重要，在现今的世界上，获得预警机更是成为一个国家空中力量建设的不懈追求。

　　在本书的创作过程中，我深感伟大祖国的科技进步之迅速，并为之感到骄傲、自豪。预警机本是一种研发极其困难的武器装备，世界上可以研发制造预警机的国家，比可以建造航空母舰的国家还要少，可谓是真正的"大国利器"。我国的科研工作者，则在极其困难的局面下，通过自己的努力奋斗，实现了对军事强国的超越，研发制造了世界上最先进的预警机——空警-2000，这完美地诠释了航空工作者航空报国的理想信念。

在我国预警机的研发历程中，有很多人奉献了自己无悔的青春，奉献了自己无穷的智慧，奉献出自己毕生的心血，他们是值得尊敬的人，正是他们的存在，才让中国拥有了一片和平而安宁的蓝天，才让祖国的新一代接班人，能够在阳光下健康成长，我们应该向他们致以崇高的敬意。

亲爱的读者朋友们，你们是祖国未来的栋梁，希望你们通过这本书，产生对科学技术新的认识和兴趣，并把自己的感悟和信念，在今后的学习生活中进一步实践出来，希望你们迅速成长，未来也成为我国军事科技发展的推动者和实践者，那样我将倍感欣慰。

第1章 神鹰天降：预警机的初生

1.1 真正的大国利器

在纪念中国人民抗日战争暨世界反法西斯战争胜利 70 周年的阅兵式上展示的我国空警-2000预警机,堪称是世界上最先进的预警机之一,是我们国家综合科研力量的结晶

为了纪念中国人民抗日战争暨世界反法西斯战争胜利 70 周年,2015年的 9 月 3 日,我国在首都北京举行了盛大的阅兵仪式。这次阅兵充分展示了我军的新型武器和精神面貌。

在阅兵仪式的空中梯队中,有一个梯队格外让人感到震撼,那就是领队机梯队,梯队由 1 架空警-2000 和 8 架歼-10 飞机编成。空警-2000 是世界上看得最远、功能最多、系统集成最为复杂的机载信息化武器装备之一。自列装部队以来,在多项重大任务和行动中,出色发挥了空中指挥、预警探测、电子对抗等多种功能,成为名副其实的空中指挥所。

紧随领队机梯队的是预警指挥队梯队,它由 1 架空警-500 预警机、2架运-8 指挥通讯机、4 架歼-10 和 4 架歼-11 战机编成,以严整的楔形编队飞临天安门上空。空警-500 预警机是新型的中型、全天候、多传感器空中预警与指挥控制飞机，主要承担空中巡逻警戒及指挥控制任务。

进入21世纪以来，我国空军已经正式开始从一个积极防御、攻防一体的空军，向着战略空天军转型。在这样的大背景下，预警机承担了整个空军体系的核心节点地位。正如在二战后多次局部战争中扬威的预警机一样，预警机如今也成为我国军队的"镇国利器"。我国是世界上仅有的几个可以设计生产预警机全部系统的国家，这是我国军事科研建设的巨大成就，是亿万国人的骄傲。我国预警机事业的开拓者和奠基人，科学家王小谟先生则获得了国家最高科技奖,这也是我国最高科技成就奖项设立13年以来，首次授予了一位军工装备专家。为什么预警机就这么重要呢?

预警机是一个非常新鲜，又非常为人熟知的作战支援机型。说它非常新鲜，因为它诞生得很晚，一直到第二次世界大战快要结束的时候，世界上才有了第一架类似于预警机概念的机种；说它为人熟知，又因为它会对现代化的战争产生深远的影响，由此成为世界各国和媒体关注的焦点，也被看作是一个国家武器库里的"撒手锏"。

从全球范围来看，空中预警机从开始研制到现在已经有七十多年的历史。按照其性能划分，目前已经发展到了第三代。当今世界，有能力制造这种飞机的国家只有美国、英国、中国和俄罗斯，其余国家都只能生产其部分子系统，而不能生产整机。可以说能生产预警机的国家，比能够建造航空母舰的国家还要少。为了加强自己的国防力量，世界上许多不能自己制造预警机的国家都在想方设法地购买这一空中利器，然而即便是如此，出于种种原因，很多国家仍很难争购到这种飞机，因为这种飞机具有巨大的战略价值，谁拥有了它，就将对地区的力量平衡产生重大作用。正因为如此，即便是像日本和德国这样的发达国家，为了能拥有这一空中利器，也只能从美国购买。可见，预警机相比其他的武器，称得上是真正的大国利器。

从外形上来说，世界上大多数的预警机都有一个盘状的雷达天线，负载在飞机的背部，也有一些预警机负载的是一根矩形的雷达天线，这样的预警机也被军迷朋友们形象地叫作"平衡木"预警机。还有一些预警机，比如以色列的"费尔康"预警机，则拥有一个巨大的机鼻。可以说，预警机外形各异，功能各异，执行的任务也各不相同。今天，笔者将为大家敞开一扇大门，去了解一个更加深入和神秘的预警机世界。

在当代军迷的眼中，像C-295预警机这样背着一个"大圆盘"的飞机，就是预警机的典型代表了

首先我们要确定一个概念，究竟什么样子的飞机是预警机？预警机最早是指配备有远程机载预警雷达的特种任务飞机，用以弥补地面/舰载雷达的低空探测盲区，它是一个系统高度复杂的武器。现代预警机则还配备了敌我识别、导航、电子/光电侦察与对抗等多种信息系统，可以执行预警探测、情报侦察、通信中继、指挥控制和战场管理等多种任务，是现代战争中不可或缺的信息化武器装备。

为什么我们会需要预警机呢？从根本上来说，人类历史上的战争，特别是在航空器材出现之前的战争，都属于一种在二维空间实施的战争，尽管人类能在海上和陆地上实施军事行动，但无论如何都无法从第三个坐标空间，也就是天空中实施任何军事行动。这种状况一直持续到了第一次世界大战时期，就在那个时代航空器第一次投入了军事领域。我们知道，战争中除了后勤以外，就属情报和侦察更为重要了，因为我们只有根据需要随时去了解敌人的兵力部署情况、防御部署准备情况、战斗的展开情况以及敌人的后方纵深布置情况，才能在进攻作战的时候，尽可能地在合适的时间，在敌人防御薄弱的地带展开攻势；也可以在敌人进攻的时候，及时了解到敌人的进攻兵力部署和战役的展开情况，为我方部队提供警报以进行针对性的部署。

要进行这些决策，无不需要强大的侦察和情报支持。在古代战争中，人们就开始尝试利用各种手段对敌军展开情报侦察，比如派出"斥候"搜集敌人的情报。在航空器材出现后，人们发现，原本受地面障碍物、地球曲率限制的侦察视野，竟然可以依靠飞机的空中优势取得革命性的突破。飞机一经发明就被投入到了军事领域，而它们的第一个任务就是侦察。

近年来，还有一些预警机的外观令人耳目一新，比如我国的空警-2000预警机，就采用了新颖的"平衡木"雷达布置方式

预警机则可以被认为是一种功能更加完备的"多功能侦察机"。相比于传统的侦察机，它又多了通信、协调、指挥等功能，并且更加侧重了这些功能。然而要让战争催生出预警机这样的"高等复杂生命"，还需要其

他的要素，比如说机载雷达。"雷达"这个词语用英文讲出来，是"Radar"，它是由英文"Radio Detection And Ranging"无线电探测与测距这几个单词缩写而成的，这一概念最早由美国海军军官福尔特和塔格尔一起提出。警戒雷达，对探测中、高空目标来说，是无愧于其"千里眼"的称呼的，但是探测低空和地面的目标，却是一个"近视眼"，预警机的出现则使这一问题迎刃而解，预警机飞得高，看得远，相比传统的地面雷达有诸多优势。

1967年的6月5日早上7时45分，以色列空军的飞机以四机编组的方式，从以色列中部的机场起飞，它们掠过海面，以不到9米的高度超低空飞行，而且成功地躲过了埃及、约旦的防空雷达系统探测。在不到3个小时的时间里，埃及就损失了336架飞机，29个机场遭到了沉重打击，其空军几近瘫痪。地面的低空探测雷达，在新型的打击模式面前，就是靶子。怎么办？欲穷千里目，更上一层楼。要让雷达具有更大的探测距离，就必须将雷达布置在飞机上。

飞机一经出现就显现出了巨大的军用价值，最早的飞机都是以侦察为主要任务，据说人类历史上的首场空战就爆发在德国和法国的侦察机之间，图为早期德国空军的战斗机

世界上最早的机载雷达是英国为了猎歼德国的潜艇而研发的。海军部队原本就比陆军部队更需要雷达的支援，海军部队在海面上寻找敌人，并不能像在陆地上一样，可以比较方便地设置那么高的雷达，只能将雷达搬到飞机上，以获取足够的探测距离，这是预警机和机载雷达都由海军率先使用的原因。为了弥补海上作战的不足，英国自1935年开始研制雷达，1937年7月首次进行雷达空中试验，观察海面军舰并协助航行和着陆。1942年，英美合作的雷达开始进入了批量生产，这种雷达是一种磁控管雷达，只具备无线电探测和测距的功能，它可以用于空空探测和简单的跟踪，也可以用于空对地和空对海的探测。

虽然这样简单的雷达根本不能满足实战要求，这样简单的雷达探测飞机也不能称之为预警机。但是毕竟构成预警机的两大因素已经出现了。二战时期，美国军舰上的对空探测雷达就已经可以在160千米的距离探测日本的飞机了，但是对付掠海飞行的低空目标，则只能

知识链接

磁控管：一种用来产生微波能的电真空器件，用于早期雷达。是一种发射电磁波的设备，以便于收集回波，探测目标。

二战中的英国海岸防空雷达链，都建设在巨大的高塔上，以便于取得最大的探测距离，就是这样的早期雷达网络，却成为英国粉碎德国"海狮"计划的关键设备

PB-1W预警机是世界上最早的岸基大型预警机,由B-17"空中堡垒"轰炸机的机体改造而成,采用了预警雷达机腹布置的方式

在最多20千米处才能实现探测和识别。从日军偷袭珍珠港开始,美国海军指挥官就已经意识到,针对来自海上和空中的威胁,必须研发一种为军舰提供有效早期预警的专用装备了。

1.2 美国的镇国利器

虽然二战时期,大型的军舰如战列舰等已经装备了可以弹射起飞,能够在海面回收的小型侦察飞机,但是这样的飞机并不能满足需求。面对日本联合舰队疯狂的航空兵攻击,1942年,美国海军舰队的总司令内斯特·金海军上将下令,要求美国科学研究与发展局下属的国防研究委员会开始研发一种雷达中继系统,从而确保特遣舰队指挥官能够有效地收发战场情报和信息。雷达中继系统NA-112在1942年的6月份由美国麻省理工学院辐射实验室开发完成,不过由于技术难度大,实用化的雷达中继链路系统一直没有研发完成。此时，美国海军的航空部电子材料研发分部要求改变研发方向，将科研的主要力量集中到如何选择适当的飞机安装适当的早期预警雷达上来，这意味着世界上第一个预警机项目，终于正式开始了。从实战方面考虑，本身就自带远距离航程属性的飞机，再搭载上探测距离较远的预警雷达，当飞到高高的空中俯视海面，这远比什么雷达中继链路探测距离要远得多，而且更加的精确和高效。

随后，这一项目被重新命名为NA-178研究项目，在麻省理工学院的支持下，该项目取得了较大的进展。1943年，美国海军将该计划代号更改为"卡迪拉克"计划，该计划有两个部分，分别为"1号计划"（舰载预警机计划）和"2号计划"（岸基预警机计划）。他们委托麻省理工学院在缅因州的卡迪拉克山上进行项目的研发和测试，该计划也因此而得名。其中"1号计划"进展更快，它打算选择一种成熟可靠的舰载飞机，搭载新研发的高功率雷达，使之能够在较远的距离上发现低空飞行的鱼雷机或者水面的舰艇。随后，二战中被广泛装备于美国舰载航空兵部队的3座TBM-3W"复仇者"鱼雷攻击机被选择为测试预警机的平台，理由是其拥有宽敞的内部空间，方便放置大型化的雷达设备和天线，其机体结构足够牢固，适合改造。与此同时，飞机上除了驾驶员以外，还可以设置1名雷达操纵员，这个操纵员可以使用甚高频的数据链，将雷达接收到的目标信号连同雷达天线指向的数据一并传输到母舰上，在舰内的CIC（战情中心）显控台上重现雷达探测到的图像，舰上的指挥官可以凭此观察到来袭的敌机和敌舰的信息，以便做出有针对性的布置和防范，这种飞机还可以引导战斗机出击拦截来袭目标。

这种飞机上搭载的雷达是由通用公司研制的AN/APS-20型预警搜索雷达。和我们现在熟知的背负在机背上的布置方式不同，TBM-3W预警机的雷达被布置在飞机的腹部，整个飞机看上去就像是多了一个圆形的大"下

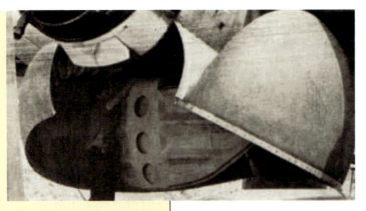

一台 AN/APS-20 型雷达打开的天线罩,图中清晰可见这种雷达的天线为抛物面样式,地勤人员正在对其进行维护

早期的预警雷达在显控台上生成的雷达图像

巴",可谓是外形丑陋。然而为了获得优越的作战能力,付出一些形象上的代价又算得上什么呢?毕竟考虑到雷达布置的灵活性、雷达的尺寸、波束的穿透力等因素,将雷达布置在飞机的腹部对于早期的预警机显然有着天生的需求。雷达采用的是机载动目标显示(AMTI)雷达体制,工作在 S 频段。它是美国最早的预警搜索雷达,整个雷达系统包括了天线、发射机、接收机、电子控制放大器、方位距离显示器、雷达控制盒以及两个陀螺仪。这种雷达对于战斗机的探测距离可以达到120千米,对于更大的中型轰炸机一类的目标,探测距离更是可达160千米,对海面上例如驱逐舰一类的目标,探测距离则有370千米(预警机在最大飞行高度上工作时)。

这种安装在机腹塑

料整流罩内的抛物面天线，可进行360°扫描。其发射管使用了QK428型磁控管，天线增益为30 dB，雷达的峰值功率为1.75 MW，其接收机有两个带宽模式，一般情况下都采用2 MHz，在特殊情况下使用1.4 MHz带宽。该雷达具有一定的抗干扰能力，后续改进型号众多，装备机型广泛，不但装备了TBM-3W预警机和其后的"卡迪拉克"计划陆基预警机，还装备了后来的AD-3W、AD-4W、P2V-3、P2V-4、WV-2、PBM-5、AD-5W等飞机。不过由于当时还没有过滤杂波的技术，因此在海情比较恶劣的情况下，该雷达会受到海面强杂波的干扰，有时候会影响到对目标的探测。

从1945年3月开始，世界上最早的预警机TBM-3W正式加入了美国海军，它同时也是世界上最早的舰载预警机。实践证明，机载预警雷达对于单个空中目标的探测距离较舰载雷达提高了近2倍，对于空中编队的探测距离提高了2至4倍，对海面目标的探测距离则提高了至少6倍。作为世界上最早的预警机，它已经具备了组成预警机的基本要素：载机平台、大功率预警搜索雷达和雷达情报传递通信链。在获得了梦寐以求的预警机后，美国海军成立了一批TBM-3W预警机飞行中队，还将其分别部署到各航母上，并与舰艇一起完成了各种作战试验，这标志着美国海军的早期空中预警力量迈出了成功的一步。之后，又探索出一系列的战法，如以预警机支援执行战斗巡逻任务(CAP)的战斗机，和TBM-3S2反潜机，共同构成的一个针对潜艇的"猎—歼"作战系统。

世界上最早的岸基预警机，也是最早的可以担当空中指挥所的预警机，则是"卡迪拉克2号计划"。由于按照需求，该机要装备多个雷达显控台并配备一组雷达操纵员，不仅要求能把雷达情报传递到地面或者舰上的指挥中心，还要求能够使用机上的显控台和空对空无线电台，引导本方战斗机攻击敌方目标，因此美国军方对于这一款预警机的机内空间有着更高的要求。

1944年，美国海军首先使用波音公司的B-17G"空中堡垒"轰炸机改造PB-1W型预警机。这款预警机的雷达仍然采用APS-20型雷达，不过由于有了"卡迪拉克1号计划"的成功经验，因此美国海军对于"卡迪拉克2号计划"有了更高的要求，比如要将成本预算控制在"卡迪拉克1号计划"的20%以内。PB-1W预警机有一个相比于TBM-3W预警机更大的雷达天线和天线罩，布置在机腹下方。不过这里需要提及一个历史性的时刻，PB-1W预警机中有一架飞机将其预警搜索雷达布置在飞机的机背上！这可真是开天辟地的头一遭了，预警机终于开始向着其现在呈现在世人面前的样子前进了，变得令我们越来越熟悉了，只不过这架飞机的雷达的天线罩并非是圆盘形的，而是一个椭圆形的"帽子"，而且尺寸较小，远称不上美观大方，但是预警机的性能借此获得了提升，因为布置在机背的雷达天线对于海面强杂

TBM-3W预警机和TBM-3S2反潜机以双机编队的方式在飞行，这种组合是战后美国海军探索出来的针对潜艇的有效"猎—歼"模式

世界上最早的预警机TBM-3W舰载预警机。图中可见布置在其机腹的预警搜索雷达，这种机腹布置雷达的方式在早期的预警机中相当普遍，曾经是预警机的典型外观特征

波的过滤有着更好的效果。

这种依靠老式轰炸机机体设计建造的预警机，在第二次世界大战结束前共装备了 23 架，

由于 B-17 轰炸机上没有供机组人员使用的气密舱，并不适应长时间的巡逻和警戒任务，因此第二次世界大战之后这种飞机很快就被替代了。连同早早部署在航空母舰上的 TBM-3W 预警机一起，这些飞机没能经历战争的洗礼，真可谓是生不逢时。

1.3 马岛战争的悲歌

第二次世界大战后，世界进入了东西方军事阵营冷战对抗的时代，北约和华约在欧洲展开了大规模的对峙，以苏联为首的华约集团在欧洲大陆拥有绝对的军事优势，他们的"大纵深战役学"理论，强调航空兵对陆地的支援能力，因此大量的苏联攻击机和轰炸机投入到了一线部队中，苏联远程的战略轰炸机携带着核武器，在战争时期为地面部队打开通道。面对如此严峻的形势，北约的另一个国家感到压力山大，不得不加

快了研发预警机的步伐，那就是英国。

英国自行设计制造的第一种预警机是"塘鹅"AEW-3预警机，这种预警机在冷战核对抗拉开序幕的1958年8月首飞。尽管英国的公司最初计划进行"最小"的改动，但是最终为了解决各种复杂问题，"塘鹅"的整个机身又被重新设计了一遍。"塘鹅"AEW-3预警机上采用了功率2890千瓦的Mk-102型双轴涡桨发动机，双轴效率高、省油、马力大，这是世界上第一种采用该种发动机的飞机，具有划时代的意义。"塘鹅"AEW-3预警机上采用的雷达是从美国引进的AN/APS-20型预警搜索雷达。最初，英国的这种雷达是从其引进自美国的AD-4W"天空打击者"预警机上拆下来的。"塘鹅"采用三轮车式起落架，前起落架为双轮，向后收起，单轮的主起落架则从机翼两侧向机身中部收起。"塘鹅"的三名乘员的座舱呈纵列布局，从前至后依次为驾驶员、观察员（领航员）和雷达操作员，其中雷达操作员的座位面向机尾。截至1961年"塘鹅"预警机停产，英国一共制造了44架这种预警机。1978

已经退役的AEW-3"塘鹅"预警机，其巨大的"下巴"引人注目

年，英国最后一艘大型航母"皇家方舟号"退役，随之英国的常规舰载机部队也解散，英国迎来了搭载垂直（短距起降）飞机的轻型航母时代，"塘鹅"AEW-3预警

1949年部署在航母上的VC-11中队的TBM-3W预警机整装待命

机则带着自己从未历经实战的雷达，退出了英国海军的现役。"塘鹅"伴随英国海军数十年，虽说它在服役生涯中没有经历过战争的洗礼，但它兢兢业业地完成自己的任务，也为预警机这个机种和英国皇家海军做出了贡献。

英国最早的早期预警机也使用的是在1951年从美国引进的AD-4W预警机。彼时的英国海军还处于拥有大型航空母舰的时代，"皇家方舟号"航母和"鹰号"航母都需要这种远程探测预警机来丰富自己的作战能力。这是美国研发的第二代早期预警机。这种飞机和TBM-3W预警机一样，曾经都只是执行其他任务的舰载飞机，随后才被改造为预警机的。

在此系列飞机中，有一种"天空打击者"系列的预警机共有3个型号，按照出现顺序分别是AD-3W、AD-4W、AD-5W型预警机。每一种型号都比上一种有所放大，以容纳更大的雷达和更

AD-4W预警机,这种预警机曾经被广泛地装备于美国和英国的航母舰队

"皇家方舟号"上整备待命的AEW-3"塘鹅"预警机,图中可见其特殊的双轴涡桨发动机

多的操作人员。其中最大的,功能最齐全的就是AD-5W预警机了,它装备了功率和尺寸更大的AN/APS-20B预警雷达,拥有了更远的探测距离,与此同时,它还加宽了机体结构,可多容纳一名雷达操作员或者技师。飞机还装备了ARC-27型UHF无线电通信设备,从而令该机还可执行中继通信任务。由于APS-20B雷达具备包括空中预警功能在内的多任务能力,因此该机还曾大量装备美国海军的其他中队执行诸如反潜、攻击引导、搜救、电子战和海面搜索(指挥控制)等任务,堪称是20世纪50至60年代美国海军空中早期预警力量的核心。该机于1951年至1956年间投产,共生产218架,并且一直服役至1965年。

在"塘鹅"AEW-3预警机和AD-4W预警机都退役后,

对于空中预警机力量望眼欲穿的英国人再次使出了其祖传绝技"乾坤大挪移"，将"塘鹅"身上的AN/APS-20雷达拆下来，装载在其老旧的远程海上巡逻机"沙克尔顿"上，安装的位置仍然在飞机的机腹部位，只不过这次，飞机上有了5名飞行员和8个雷达操纵员，飞机的续航时间也达到了10个小时。这意味着，"沙克尔顿"预警机可以协同各个作战单位的行动，也可以将信号发送至地面指控中心来进行战情交流。英国的这种岸基预警机拥有了初步的"空中指挥所"职能，可以称得上是真正完全意义上的预警机。

"塘鹅"预警机

不过英国人终究还是失去了舰载预警机这一关键性的武备。在20世纪80年代爆发的马岛战争中，英国远征舰队远赴南大西洋去执行夺岛和夺取制海权的作战任务，两艘英国轻型航母"竞技神号"和"无敌号"竟然无一拥有起降预警机的能力，于是英国海军将早期远程对空预警探测任务，交给了担负远程空警任务的42型"谢菲尔德"级驱逐舰。1982年4月2日，马岛战争爆发，英国皇家海军能够动用的航母只有两艘，其中"竞技神号"已经处在退役的边缘，而新的"卓越号"航母和"皇家方舟号"航母尚未完工，紧急情况下英国组成了以"竞技神号"航母和"无敌号"指挥巡洋舰（实际为轻型航母，但是为了符合英国领导人的独特政治需求，英国军方并不敢直接将其称为航空母舰）为核心的英国特混舰队，并于4月5日启程，准备在南大西洋上对阿根廷展开海空一体化进攻。

翻沉的英国皇家海军"谢菲尔德号"导弹驱逐舰，昂贵且不堪重负的驱逐舰，在滚滚浓烟中似乎在深深地为英国海军解散舰载预警机部队而叹息

　　马岛战争暴露了这一时期英国皇家海军航母战斗群战力配置的缺陷，其后果就是导致了两艘42型驱逐舰和两艘21型护卫舰的沉没。造成这一情况的原因是皇家海军缺失大型舰队航母，也同时缺失了远洋的舰载预警机和侦察机力量，导致必须使用驱逐舰和护卫舰担负外围区域的警戒任务，由此增加了这些军舰的危险性。事实也正是如此，被击沉的几艘驱护舰也基本都是担负警戒任务的军舰。阿根廷的攻击机往往在确定了英国海军舰队的方位后，迅速以低空突袭的方式接近英国舰队，以此来躲避其舰载雷达的探测，一般等到英国舰队发现大事不妙时，阿根廷的攻击机已经

飞临舰队上空令英国舰队躲避不及。"无敌号"航空母舰自己曾经遭到了两架阿根廷攻击机的突击。这种有问题的舰队配置方案，从英国在20世纪60年代开始的航母大裁剪，到其第一代担负远程防空任务的"郡"级驱逐舰的出现就开始埋下了隐患。

机动航行在南大西洋的英国皇家海军航母舰队，位于舰队中央的就是"无敌"号航空母舰

不过虽然英国舰队表现欠佳，但是好在有两艘轻型航母压阵，最终在付出了较大的伤亡代价后，终究还是夺取了南大西洋上的马岛。在马岛战争中，英国海军的两艘航空母舰就发挥了重大作用，在指挥作战、反潜搜索、救援伤员、夺取制空权、打击阿根廷军舰和陆地目标、海上封锁作战等任务中，可以说起到了无可替代的关键作用。两舰的"海鹞"战斗机出勤率非常高，虽然缺乏预警机的情报探测与指挥控制支援，但是凭借着舰载战斗机优良的侦察能力，也还是确保了舰队的持续稳定作战。战争结束后，"无敌号"完成了长达166天的不间断海外部署后回国，充分体现了航母的价值，伍德沃德上将曾经说过："如果没有'无敌号'，马岛海战胜利将会延长半年，而如果没有'竞技神号'航母，英国将输掉马岛战

争。"战后英国海军迅速开始了新的舰载预警机研制计划，虽然该计划是预警直升机计划，并非是固定翼预警机计划，但是最起码，英国人再一次深刻地理解到了预警机对于现代战争的重要性。

1.4 巨鹰展翅：战役级大型预警机

　　世界上第一种堪称是战役级预警机的机型，是美国设计制造的"预警星"预警机。这种预警机的产量在当时的大型预警机中可谓惊人，一共生产了142架。飞机主体采用的是美国洛克希德公司生产的"星座"大型民航飞机，飞机内容纳了5个雷达显控台，有较为完备的情报传递和空—地、空—空通信系统以及机内的通信设备。飞机可以连续飞行16个小时，机内还能够容纳一个额外的飞行和操作小组用以轮换值勤。由于此飞机拥有良好的指挥和探测能力，装配较多的指控单元设备，因此这个飞机被称为是最早的战役级预警机，其通常用于对大规模战役的协同作战。特别值得一提的是，这种飞机装备了美国预警搜索雷达 AN/APS-70，它是美国最早的预警搜索雷达 APS-20雷达的改进型，具有360°的扫描

WV-2"预警星"预警机"英俊"壮硕的外形,颇具现代时尚感

范围。它是机载预警系统的一个部分，具有动态目标显示的特征。该雷达最大的作用距离为400千米，比APS-20

雷达有了较大提升。这款雷达同样装备在预警机的机腹部位。不过该飞机上还装备了一种之前的预警机所没有的雷达，同时也开创了量产预警机机背安装雷达的先河，这部雷达就是AN/APS-45型雷达。该雷达是一种机载测高雷达，包括了天线和控制台两个部分，用以测量远距离空中目标的高度，雷达采用了抛物面的型式，有俯仰和横滚稳定，天线在方位上可以调整到任何一个波束指向方向。雷达内还采用了一个QK-172型磁控管，提供的最小峰值功率为425W，雷达的最大显示距离为222千米，最小显示距离为2.8千米。

虽然这种飞机首开背负大型雷达天线的先河，但是却也因此改变了飞机的垂尾设计，毕竟在飞机背部的雷达天线会严重扰乱气流，影响飞机的飞行性能，降低垂尾的工作效率，所以这种飞机采用了缩小垂尾面积，增加垂尾数量的方式来加以改进，这和现在我们熟知的E-2预警机的布置方式相似。

冷战时期，东西方的对抗毕竟不只是一方的

WV-2预警机修长的机身带来的不仅仅是美观，更有增加的指挥功能，使其成为最早的战役级预警机行为，苏联一方的防空压力也并不比西方小多少，甚至可以说，西方和美国执行的轰炸机前沿部署战略，对于苏联而言造成了很大的防御压力，稍有不慎，就会遭到毁灭性空袭。时值美国的第一次抵消战略，对于空中轰炸机队的要求是前置部署，要求其能具备快速反应能力，并且为此设计、生产了B-52战略轰炸机这样先进的机型。苏联为此建设了庞大的国土防空军，也建设了一支强大的空军力量，他们装备了重型截击机以确保对西方国家的轰炸机实施有效拦截和快速反应。因此，建造预警机也成为苏联的不二选择。

知识链接

抵消战略：著名战略，主要内容是以核武器优势抵消苏联在欧洲的常规军事优势。

在20世纪50年代，苏联就开始设计和制造空中预警机了，其第一个研制计划是"拉玛"计划。该计划从1951年开始，到1954年结束。该计划要求采用苏联生产的"里-2"型运输机作为雷达载机平台，装上其新设计的S波段预警搜索雷达，雷达和天线罩仿照西方样式，布置在飞机的机腹部位。这种雷达的功率较低，对于小型飞机的探测距离低于100千米，对比地面的大功率雷达并没有体现出绝对优势，因此在1954年，这种雷达预警机就逐渐退出了人们的视线。

"拉玛"计划失败后，苏联开始加大了对预警机系统的投入力度，于1958年开始了"列亚娜"计划，该计划打算采用图-95四发远程轰炸机的民用型，图-114D为载机平台，设计要求其不但要具备搜索能力，更要具备指挥和控制能力，成为一种"空中指挥所"型预警机。该计划产生的预警机名为图-126"苔藓"型预警机。为何要选择选择图-114D，而非采用其军用型号图-95作为载机平台呢？原来，苏联的图-114D比其原型机图-95多增加了受油管，对于预警机来说，这可以极大地增加其续航距离和巡逻时间。这对于严重缺乏预警机的苏联空军而言，发挥着"一架顶两架用"的巨大价值。

图-126预警机由苏联著名的航空设计局——图波列夫设计局设计制造，这家著名的航空设计局曾设计了数不胜数的作战飞机，尤其擅长设计制造大型飞机，诸如图-16轰炸机、图-22超音速轰炸机、图-154客机、图-95轰炸机、图-142反潜巡逻机、图-160"白天鹅"超音速战略轰炸机等先进的机型，这些飞机为后来的世界航空科技发展贡献了巨大的力量。

图波列夫设计局的辉煌时期是在安德烈·图波列夫和他的儿子阿列克谢·图波列夫掌管的时期，他们都是世界上少有的飞机设计天才。图波列夫是苏联金属飞机设计的先驱。早在1922年，苏联的中央流体动力研究院就组织了金属飞机制造专门委员会，图波列夫在当时担任委员会主席，他领导设计的第一架飞机是AHT-1飞机。这是一架混

安德烈·尼古拉耶维奇·图波列夫，苏联著名的航空专家

合了金属和木质结构的轻型飞机，由金属的机身桁梁结构和木材包裹的蒙皮组成。1924年，由他主持设计的第二架飞机AHT-2制造下线，这架飞机采用了硬铝合金结构，是苏联第一架全金属结构飞机。

图波列夫的一生，一直怀揣着一颗航空报国的赤诚之心，即便是被人陷害，关押在监狱期间，他仍然坚持对飞机的设计工作，以保卫新生的苏维埃政权。1937年10月21日，几个人悄悄地走进了图波列夫的办公室，在宣读了命令后，将他逮捕了。年轻的图波列夫被带到卢比扬卡监狱，而他根本就不承认被强加的罪行，经过一番徒劳无功的审讯之后，图波列夫被重新关押到了莫斯科布迪斯卡监狱58号牢房，在那里被指控犯有间谍罪。然而，即便是受到了种种冤枉和屈辱，对祖国怀有深深眷恋的图波列夫，并没有就此失去对祖国的热爱。他在入狱期间继续做着自己的工作，成功地研制了图-2中型轰炸机，用自己的实际行动践行着爱国壮志。

后来，图波列夫被释放出狱，在他的后半生，主持建造了苏联几乎所有的大型飞机工程，为苏联成长为一个超级强国，立下了不可磨灭的功劳。图波列夫于1972年逝世，享年84岁。图波列夫本人曾参与了上百个飞机型号的设计，有许多曾创世界纪录。他和他所领导的设计局为苏联和世界航空工业所做出的贡献，将永远被世人铭记。

图-126预警机机长55.2米，机高16.05米，翼展51.2米，翼面积311平方米，空重100吨，最大起飞重量175吨，比波音-707-320B型飞机还要大一些。这种巨大的预警机最大平飞速度为850千米/小时，巡航速度为780千米/小时，实用升限11000米，经空中加油后巡航时间可达20小时。图-126预警机的雷达天线布置方式类似于美国的E-3型预警机，都安装在飞机的背部。其雷达罩直径为11米，高约2米。雷达是一台"平顶柱"预警雷达，其发射机输出峰值功率为2 MW，重复频率为300 Hz（可变频）。雷达的杂波过滤技术仍然采用了50年代的外相参动目标技术，与早期的

E-2预警机雷达技术相当，这种技术仅仅能确保飞机在海上有远程探测低空目标的能力，而在复杂的地形下就不可以了。"平顶柱"雷达可同时处理80个目标，同时指挥控制12至18架飞机进行

图-126预警机飞行照片，可见其巨大的盘状背负式天线，这是现代预警机常用的布置方式

作战行动。从这种雷达的平均功率和其天线的尺寸可以估算，其对小型作战飞机的最大探测距离达到了300千米，这在当时已经是非常不错的成绩了。除此之外，这种预警机还装备了SRO-2M敌我识别器，它的天线也和其主雷达一样，位于旋转雷达罩内。飞机还装备了一台SIRENA-3护尾雷达，天线位于立尾上。通信设备则装备了R-831/RSIV-5超高频/甚高频电台和RSB-70/R-837高频电台，通讯数据的传输依靠ARL-5数据链，可以在地面指挥中心重构雷达影像。机上还配备了无源与有源的电子对抗设备。

1969年，苏联第一次对外界公布了这种飞机的图像，截至70年代末，苏联除了生产1架试用型飞机外，还生产了8架这种预警机，这些大型的预警机被分别装备在苏联的第67预警机飞行大队的两个中队中，每个中队配备4架。它们在实

苏联最早的量产型预警机图-126"苔藓"

际的作战任务中发挥出了巨大的作用。1971年，该型飞机就被派往印度支援作战，用以监视巴基斯坦的空军活动，不过由于这种飞机没有对陆探测的能力，其对于地面作战的协同能力还显不足。

　　由于当时苏联海军并没有装备航空母舰，因此苏联也就没有开展过小型化的舰载预警机的设计制造工作。在我国能够生产出先进的预警机之前，全球只有美国、英国、苏联和继承了苏联大部分武器库的俄罗斯具备设计和生产预警机的全套技术，期间虽然以色列和瑞典等国也设计生产过非常不错的预警机型，然而基本都局限于预警机的几个子系统，对于预警机系统的研究和制造还是略有不足。现在，预警机这种新型的飞机已经遍布东西方的军事阵营，在实战中大显身手。其在经过了漫长的发展历程后，二代预警机也已被普遍装备于世界各国空军中。

第2章 解密世界著名预警机

世界上最早的预警机就是舰载的预警机。

舰载预警机是在航母等载机军舰上使用的预警机，它是现代海军作战不可或缺的技术装备。

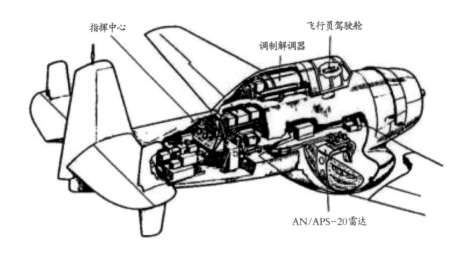

指挥中心　　飞行员驾驶舱

调制解调器

AN/APS-20雷达

TBM-3W预警机是世界上最早的预警机,也是世界上第一架舰载预警机,图为其剖面结构

在海战中，如何远距离发现敌人，不至于在海上漫无目的地游荡是一个难题，舰载预警机可以很好地解决这一困扰。

在人类经历了地理大发现后，才突然发现地球是一个"水球"，海洋才是地球的主要组成部分。海洋占据地球总面积的71%。由此可见，海洋将在未来的人类战争中，起着非常重要的作用，世界上各主要大国都纷纷根据自身实际情况提出了海洋战略，对于海洋的争夺，一直是军事强国的主要课题。

19世纪，美国著名的战略学家马汉先生提出了著名的"海权论"，这套理论体系广泛涵盖了海上的一切力量，包括一个国家在海上的军事力量、商业贸易、交通路线、港口设施、海峡要塞控制、资源产地连接以及非常重要的海上决战决定两个大国战争胜负的思维。马汉的"海权论"认为海军是国家的战斗工具，是国家利益的战略延伸。海军不仅仅应该是海军战略的附属产物，更应该是海军运用的结果，不同的海军特征应由不同的国家战略决定。可以说，"海权论"包含了一个民族依靠海洋、利用海洋的所有内容。就目前来说，我国提出的海洋发展战略和"一带一路"倡议中的海上丝绸之路都属于海权理论实际应用的结果，体现了海洋对国家战略利益的重要性。

在20世纪，海权理论进一步得到发展，产生了精妙的"国家海上威力论"，它是由苏联海军司令戈尔什科夫元帅提出的，同时还有美国战略学家莱曼提出的"制海权"理论，这两个理论大同小异，都是对海权理论的进一步解释和发展。精妙的海洋战略间接催生出了先进的海军武器的发展，也催生出了在海上机动作战的大国机动舰队。

什么是海上机动作战呢？现代海军理论认为，海上机动作战是利用空中、水面和水下作战力量的高度联合实现海空一体化机动作战的方式，具有灵活机动、综合作战能力强、威慑效果好的特点，可以在远离军事基地的广阔海洋上实施全天候、大范围、高强度的连续作战。舰队的机动是很重要的，部队机动是指部队在战斗状态下，在战斗负载下，在随时具备应对所有领域作战的条件下实施的部队转移，在机动过程中，部队保持有最大战斗力状态，可以随时应对突发情况，并且转移到应该达到的指定位置上。

简而言之，机动作战就是边打边走，在走的过程中，时刻保持好战斗的队形，展开作战的科目，同时需要对新到达的区域进行反复地检查探测。情报重要性是次于后勤重要性的第二重要的内容，掌握了情报，就掌握了取胜的先机。

在第二次世界大战中途岛战役中，美国海军以三艘航空母舰为核心组成战斗群，在大洋深处反复机动，同时随时派出侦察飞机进行探测，早早就确认了日本海军舰队的方位，而日本海军则因为轰炸中途岛机场的需要，仅仅派出了两架侦察机进行战区侦察，并没有能够准确及时地发现美

中途岛海战证明了一个道理：不能做到先敌发现，就会被击败

国航母舰队。就在美国人开始实施战役企图的时候，日本人都还没有察觉到危险的来临，他们仍然派出了攻击机去轰炸美国设在中途岛上的机场。当美国的轰炸机群飞临日本舰队上空时，日本人顿时乱了手脚，赶忙从航母甲板上卸载轰炸机，重新将抢夺制空权为主的战斗机提升到航母飞行甲板上，而就在日本人手忙脚乱转运飞机和弹药的时候，美国飞机的炸弹投掷下来了……先是"赤城号"航母，它中了两颗大当量的航空炸弹，瞬间洞穿飞行甲板在机库内爆炸，巨大的爆炸掀翻了"赤城号"的飞行甲板，引爆了机库内刚刚卸下的攻击机及其搭载的弹药，连环的爆炸彻底粉碎了"赤城号"。紧接着，一艘又一艘的日本航母被击沉了，此役日本损失了4艘大型航空母舰，导致其在太平洋上的机动战力尽失，逐步走向了彻底战败。正是如此，这场战役才成为太平洋战场的胜负转折战。

后来人们总结这场战役，普遍认为日本当年败就败在对战场的态势感知太晚，没有进行足够的航空侦察，导致美国人占据了先手，率先攻击。在那个年代，先发现目标的一方就是在超视距战争中占据优势的一方，所谓"猎—歼"，没有"猎"怎么"歼"？很多战例表明，在海洋上率先获取情报优势的一方，必然是依靠优势的航空力量进行多种手段侦察的一方。

突击日军航母的美军鱼雷机

为此，美国人建造了雷达侦察潜艇，布置在主力舰队的外围和前沿，抵近敌人舰队进行强行侦察，然而事实证明，这一方式仅仅是隔靴搔痒，并不能从根本上解决海上侦察的难题。

雷达毕竟要受到地球曲率的限制，怎么办呢？答案当然就是我们的主角——预警机。正如第一章内容所述，最早的预警机都是舰载预警机，海军天生就比陆军更需要情报的支援，毕竟茫茫的大海，太具有迷惑性了。

2.1 现代预警机的鼻祖：E-1B "追踪者"

第二次世界大战之后，不论是雷达技术，还是航母技术都有了翻天覆地的发展。在航空母舰采用了蒸汽弹射器和斜角甲板加阻拦索的设计之后，其所能装载的飞机的尺寸和重量都大大增加。航母平台的进步，为功能更加完善的现代化预警机上舰奠定了基础，美国海军历史上有极高地位的一款预警机——E-1B "追踪者" 舰载预警机也应运而生。

雷达对于预警机往往是最重要的一个分系统，E-1B预警机上搭载有

一部 AN/APS-82 雷达。这部雷达在预警机发展的历史上意义重大：它是第一种圆盘式雷达天线的机载预警搜索雷达。从它开始，预警机就开始背负了圆圆的"大盘子"，它奠定了现代预警机外观上的最大特征。在美国，最早搭载这款雷达的预警机是WV-2战役预警机。上文我们提到，WV-2预警机是第一种量产的，采用背负式雷达天线的预警机，其拥有尺寸巨大的机身和改进的垂尾，因此当美国军方选择一种预警机来测试尺寸高达11.8米的AN/APS-82雷达天线时，WV-2预警机则成了不二之选。可以说，WV-2这款预警机除了没有"大盘子"以外，现代预警机需要的子系统和设备它都具备了。

E-1B"追踪者"预警机堪称是现代舰载预警机的鼻祖

不过WV-2预警机仅仅制造了一架用以测试的试验机，原因是洛克希德·马丁公司并不能将这么巨大尺寸的一架预警机装备到航空母舰上。而处于冷战时代的美国战略空军则认为，这款预警机的性能超出了空军的需求，因为它太昂贵了，花了超出预算的价格去追求一个根本用不上的性能，在一般人来看，是一种浪费。可是海军却不这么想，因为海军的航母舰载预警机简直是太小了，它的功能实在是有限，舰队的编队指挥和空中早期预警都需要靠舰载预警机的帮助，但是如果这架预警机的尺寸甚至都没有战斗机大，你又能指望它有多少功能？

对于美国海军来说，他们需要更大尺寸的预警机和更先进的雷达。美国海军航空母舰上的战斗机联队，最小的作战单位是一个CAP（战斗巡逻）小队，一般由两架战斗机组成，美国海军的舰载预警机，最起码要具备同时指挥两个CAP小队的能力，同时还要为舰队和战斗机联队提供信息和情报支援。显然，在E-1B出现之前，美国海军任何一款预警机都做不到这一点。E-1B预警机的尺寸对于海军航空兵来说，已经很大了，但是它仍然属于一种双发小型飞机，它的飞行总重为11吨，空重是9.5吨。飞机的机身总长度为13.8米，而预警雷达的天线罩则占据飞机总长的4/5，被架设在距离机背1.5米高的地方。雷达的天线设置在特殊形状的雷达罩里，它是可以旋转的，但是雷达罩并不旋转，这一点和后来的预警机都不一样。AN/APS-82雷达在雷达罩内每分钟旋转6圈，它的搜索距离可以达到200千米。它那娇小的身躯背负着一项巨大的雷达天线，E-1B预警机为此将雷达罩进行了重新设计，以方便适应空气动力学的改变。正如上文所述，巨大的背负式雷达天线会扰乱飞机顶部气流，混乱的气流拍打在飞机的垂尾上，极大地降低了垂尾的效能，缩小了它的飞行包线区间，也增加了预警机的飞行危险系数。

为了纠正这一缺陷，预警机一般都要将垂尾进行重新设计，比如WV-2预警机和现代的E-2C预警机，E-1B预警机也是这样。原本早期设计的E-1预警机并没有背负AN/APS-82雷达天线，而只是在机头的部位"头顶"了一部最早的 AN/APS-20预警搜索雷达，然而海军对这款已经用了许久的老式雷

为了改善气动性能，E-1B的雷达天线罩被设计为独特的样式，可以提供一定的升力

达并不喜欢，他们需要更加先进的雷达，即便是付出一定的代价。于是E-1预警机修改了原始设计，将单垂尾改为双垂尾，并且将其伸出在机尾的两侧，以避开巨大的雷达天线带来的影响，同时还将雷达天线罩设计为水滴状，以减轻对气流的扰乱作用，减少飞行阻力。雷达罩的重量为670千克，由于它采用了曲面结构设计，因此产生了略等于其重量的升力，这使得预警机受雷达罩的气动影响减到了最低。

E-1B作为现代预警机的鼻祖，它搭载的AN/APS-82预警搜索雷达又有什么鲜明的优势呢？AN/APS-82预警搜索雷达由美国的黑兹尔坦公司研制，该公司现已经被英国的马可尼公司收购，马可尼公司目前是世界上最大的导航电子设备公司之一。AN/APS-82预警搜索雷达采用了单脉冲测高体制，工作频段在S波段，频率为2850 MHz~2910 MHz。该雷达主要用于探测高低空飞行目标和海面的舰艇，同时也可以探测那些浮出水面的潜艇。除了搜索以外，这部雷达还利用了单脉冲技术测量目标的飞行高度。该雷达是APS-20E雷达的改进型，对于RCS（雷达反射面积）为5平方米的目标，具有315千米的最大探测距离，其重复频率为300 Hz，雷达天线的尺寸是5300 mm×1200 mm，采用扇形扫描的方式，波束的方位宽度为1.5°，俯仰角度为6°，雷达天线的增益效果为35dB，雷达峰值功率为1000 kW，显示器采用了PPI制式，雷达重量为590千克。

装备在E-1B"跟踪者"舰载预警机上的这款AN/APS-82雷达的天线罩呈伞状，平面则呈椭圆状，整个雷达罩的尺寸为9.75 m×6.2 m×1.52 m，雷达罩内的天线可以在360°的范围内进行环形或扇形的扫描，雷达回波信号在雷达平面位置显示器上显示。以现在的眼光看，这部雷达并不是很大，也不是很重，但是在当时，这已经是一部拥有惊人尺寸的雷达天线了。其性能也可谓是先进，它开启了第二代预警机的先河。

对于一款预警机来说，除了雷达，平台也显得更为重要。E-1B"跟踪者"预警机的载机平台是从 AD-5W 预警机的平台基础上设计而来的，它可以容纳两名驾驶员和两名雷达操作员。E-1B 预警机采用了两台 WrightR-1820-82WA 星形涡桨发动机

作为动力，其单台推力 1525 马力，在此帮助下，E-1B 通常可以达到 5000～7000 米的作战高度，在这个高度上，可以有效地减少地面和海面的杂波影响。同时 E-1B 预警机还能够同时对 20 架左右的作战飞机进行编队指挥和攻击引导。

E-1B 的首架飞机在 1960 年 1 月 20 日正式编入了美国海军服役，前前后后一共生产了 88 架该型预警机。在当时，除了装备两个美国航母空中警戒中队外，还给每一艘航空母舰配备了二到四架的分遣队，用于舰队的防空作战任务。服役后，E-1B 经受住了实战的检验，1966年 10 月 9 日，在越南战场上，美国"勇猛"号航

空母舰为了攻击越南河内东南部56千米处的丰来铁桥，派出了E-1B预警机担负预警巡逻任务。当时负责掩护轰炸机队的美军四架截击机首先进入了越南北方雷达的盲区，在附近的山地处低空飞行隐蔽，等待E-1B为其提供情报。当E-1B预警机很快发现越南空军的米格战斗机后，就立即通报并引导了低空待机的美军截击机，美军飞机当即在90米的超低空突然出击，向北飞去，紧急追赶米格飞机。在超低空的格斗中，美军飞机发射了空对空导弹，两发两中，越南米格战斗机惨遭击落。不到一分钟，在E-1B预警机的指挥下，美军就取得了一次空中战斗的胜利，预警机的效率可见一斑。

最终，该型预警机成功开启了预警机的新时代，世界进入了第二代预警机时期，美国也借此拥有了强势的海军航空兵力量，拥有E-1B预警机的美国海军航空兵在实力上要远优于仅仅拥有雅克-38垂直起降战斗机的苏联海军航空兵。可以说，它是一架开创历史的预警机。

2.2 世界上最先进的舰载预警机：E-2"鹰眼"

冷战是东西方军事集团的全面较量，在冷战最高潮的20世纪70年代，军备竞赛呈螺旋式上升的态势。美国海军力量的建设方针取决于美国海军战略的三个基本概念："战略威慑""前沿阵地""快速反应（展开）"。美国军方领导的战略威慑的主要设想，不仅在于能首先进行核打击，而且也保证其有能力进行核还击。这些问题的解决，首先由装备有弹道导弹的核动力潜艇来承担。根据美国军方领导的意见，水下核导弹兵力具有足够的射程和击中目标的精度，它比陆基洲际导弹和战略轰炸机具有更大的战斗稳定性、隐蔽展开的能力。美国海军的第二支核兵力就是以航空母舰为基础的核武器运载飞机，它们作为美国海军水下核导弹系统的补充，具有很高的突防能力和精确击中目标的能力，而且具有更高的机动性。美国海军大力建造装备"战斧"战略巡航导弹的潜艇和水面舰艇，用于打击敌方纵深区域的陆上目标，从而为海上进行核打击开辟了另一个可能性。

实施"前沿阵地"的物质基础是美国及其盟国的海军兵力增长。其核心是航母攻击群、机动导弹群和舰艇搜索打击群。在先遣兵力群中，布置了装有远程巡航导弹的多用途核动力潜艇。将这些兵力展开在靠近苏联边境的前沿地区（如地中海），其目的是要将苏联的海军舰队，特别是核潜艇兵力封锁在一定的海区内（如在地中海部署重兵，阻止苏联海军舰队进入印度洋和大西洋），使得美国在世界各个大洋上的广阔区域内毫无忌惮地称霸，并为其放手使用核武器创造条件。就在美国人装备了E-1B预警机，取得了对苏联海空军的优势之后，苏联也通过经济的建设进入了"南下战略"时期，意即将苏联的影响力和意识形态向着更加广阔的第三世界国家延伸。

苏联要执行"南下战略"必然需要强大的海军力量，以对抗西方国家强势的海军力量。事实

冷战时期的美国海军对华约海上力量有着绝对的优势，图为美国海军当时的核动力巡洋舰

苏联海军极为重视海基核力量的建设，图为苏联导弹核潜艇"台风"级，这级核潜艇的排水量高达40000多吨，号称水下巡洋舰，是当时世界上最大的导弹核潜艇

上，二战结束后，西欧国家由于受到战争的重创，经济受到了很大影响，需要得到休养和重建，而美国大陆本土没有进行过战斗，工农业发展几乎没有受到太大影响，反而因为战争物资的制造和战后重建的带动，经济获得了进一步的升级，因此，战后美国无可置疑地成为西方的领导国家。而苏联则得益于社会主义制度本身带来的优势，战后恢复重建也较好，经过20世纪五六十年代的工业经济大发展，也基本上奠定了超级大国的地位。于是世界不可避免地进入了美苏两个超级大国的冷战对抗时代。也就是在此时，美苏两国都将目光投向了在新时期占据很高地位的海洋上。为了对抗西方世界采用的新战略，1966年到1985年，苏联海军建设也进入了一个新的阶段，如果说战后苏联第二个十年规划确立的主要方向是利用科技革命的成就建造舰艇，以奠定导弹核动力舰队的基础，那么战后第二个十年规划时期，就可以称之为建设远洋舰队的大发展阶段了。在这个阶段，苏联海军为对抗美军的战略核潜艇，建造了强大的远洋机动反潜舰队。此时的苏联海军终于开始构建自己的远洋作战战役、战术理论体系了，在苏联海军看来，再没有什么比能够核突击美国来得更重要了，所以其海军是紧紧围绕

着保护核潜艇前往大洋深处的阵地，掩护其发射核导弹，并且能够打击美国核潜艇这一终极目标来建设的。

为了达成这个目标，苏联海军第一步就建设了由"莫斯科"级载机巡洋舰和大型反潜舰1134系列等组成的反潜—突击群，其最常活动的海区在地中海的第五分舰队辖区内，主要目标就是打击西方国家的战略核潜艇，在平时就要对其进行跟踪侦查，以便于开战后马上展开打击行动。第二步，为了掩护己方核潜艇的顺利航行，苏联海军就必须要直面西方国家的强大水面舰队，由此苏联建设了侦查—突击群和舰体突击群。侦查—突击群主要任务是在开战前就在距离美国航母战斗群视距的范围内进行近距离跟踪和侦查，并且不断地将对方舰队坐标方位发送到后方的各个打击集群，一旦开战，侦查—突击群就将对其跟踪的舰队实施首轮打击，并且确保自己存活足够长的时间，以引导后方打击群发射的导弹。执行该任务的主要有"现代"级驱逐舰和"无畏"级驱逐舰。随着苏联经济实力以及海军实力的进一步提升，这种被动的攻击方式逐渐被更为强大的搜索—打击群所取代。搜索—打击群的主要任务是以机动作战舰队的形式，主动前往目标海域，主动搜索猎杀其发现的任何敌方海军目标，要体现出续航力强，火力强度大，火力持续性强，自持力强大，探测能力和生存能力强等特

征，因此能够编入搜索—打击群的苏联军舰，无不是"多项全能"的"高手"，其组成包括1143系列重型载机巡洋舰，1144系列核动力导弹巡洋舰和1164型"光荣"级导弹巡洋舰。

面对苏联海军的汹汹来势，美国海军自然是不甘退让的，海洋是美国霸权的根基，美国又是一个绝对意义上的海权国家，美国绝不能容忍自己在大洋上的优势遭受一星半点儿的挑战。为此，美国海军进入了全面发展的"大跃进"时代，在这个时期，美国海军建造了排水量6万多吨的"福莱斯特"级航空母舰，排水量高达8万吨的"小鹰"级航空母舰和排水量为7000多吨的"斯普鲁恩斯"级驱逐舰，这些主力战舰对于美国海军产生了重大影响。

苏联海军的1143型载机巡洋舰是其搜索—打击群的核心，这些强大的水面作战舰艇对美国海军航母舰队构成了实质的威胁

美国标准的航母战斗群内编成包括由1艘核动力航母及其舰载机联队、5艘以内的水面作战舰只、1艘直接支援核潜艇和1艘战斗后勤部队舰船。这些舰船提供了包括弹道导弹防御在内的整合式防空反导防御系统能力、打击作战能力、水下作战能力、水面作战能力、维护海上安全能力和自身维持的能力。当不执行联合作战时，这些舰船经常被拆分开来，在战区内执行分布式的安全合作、反海盗、反恐和其他海上安全任务。

对于常规的中等强度的作战编成，美国海军往往使用双航母战斗群的编成模式，这种编队一般包含了2艘航母，6～8艘防空型巡洋舰或者驱逐舰，4～6艘反潜驱逐舰或者护卫舰，2～4艘攻击型核潜艇，另外编队中还包括2～3艘后勤补给舰。而在大规模危机出现的时候，美国海军往往要组成一个由3～4艘航空母舰组成的特混舰队，这是美国当前能够组织的最大规模的海上打击集群，主要是由于后勤和保障能力以及指挥串联能力的限制，不过在当时这依然是一个很大规模的海上舰群了。这样的一支舰群能够远赴万里之外进行大规模的决战，其编成内一般包括3～4艘航空母舰，9～12艘防空型巡洋舰或者驱逐舰，12～16艘反潜驱逐舰或

美国的航母舰队气势恢宏，拥有大量的作战舰艇

者护卫舰，4～6艘攻击型核潜艇，3～6艘后勤补给舰等。作战舰只往往多达40艘，占美国海军总实力的1/3强，整体形成了一支庞大的海上机动作战集团。对于一支拥有约4艘核动力大型航母的特混舰队，其制空战斗机可以多达56架，战斗攻击机多达144架，预警机也可以达到最多16架。

而为这一气势恢宏的主力舰队提供早期预警和指挥的就是E-2"鹰眼"预警机！E-2"鹰眼"预警机是美

国的格鲁曼公司和GE公司在20世纪50年代联合研制的。它相比于之前美国海军的任何一款预警机都要更大、更先进，目前仍然是美国海军唯一在役的舰载预警机。和E-1B相比，E-2"鹰眼"预警机已经是一架中小型的飞机了，它的总长达到了17.5米，装备了两台涡轮螺旋桨发动机，最大起飞重量为23.5吨，实用升限达到了9290米。机身的前下部装有为弹射起飞设置的支架，后下部则装备了着陆钩，为了避开预警雷达天线产生的气流，它的垂尾被设计为4片翼面，这是一个非常特殊的设计，其雷达天线罩直径有7.32米，厚度为0.76米，采用液压驱动，和E-1B的雷达罩固定不动不同，E-2"鹰眼"预警机的雷达罩可以以每分钟6圈的速度旋转，也被称为"旋罩"。

在E-2"鹰眼"预警机的四片垂直尾翼中，处于外部的两片垂尾延伸到了平尾以下，而中间的两片垂尾则固定在飞机尾翼的水平面上。经过计算机的模拟，E-2"鹰眼"预警机可以在只动用3个垂尾翼面的情况下，完成机动动作，因此E-2"鹰眼"预警机的左侧第二个垂尾上并没有安装方向舵，体现出设计方面的高效性。E-2"鹰眼"预警机的载机是格鲁曼公司专门研发的，它有一个双人的并列式驾驶舱和一个短促的机体，里面容纳了3.35米长的电子设备舱和3个显控台的操纵员舱。这3个显控台分别由雷达操纵员、任务指挥员和引导控制员操作。E-2"鹰眼"预警机成为舰载预警机历史上头一款具备较强指挥调度功能的预警机。

早期型号的E-2A/B型预警机采用的是美国艾利逊公司研制的军用单轴涡轮螺旋桨发动机，在海平面的标准大气压下，这台发动机可达3755轴马力，它的翻修寿命为2000～2200小时，单台价格为40万美元（1981年币值）。总的来说，这款发动机具有耐久性好、可靠性高、耗油率低、发展潜力广阔的特点，近三十年来，该系列发动机不断改进，耗油率已经比原版降低了7%，功率输出增加了33%，但是仍有潜力可挖，由此足见美国把在航空发动机设计制造领域的先进特点，都用在了海军的E-2预警机身上。借助这一发动机，E-2"鹰眼"预警机得以在航母甲板上以23.54吨的全重起飞，并且在6000～9000米的作战高度上，以450～480千米/小时的速度巡航。其发动机还可以为机内的电子设备提供180 kW的电力，由于其相当省油，因此可以在机内载油5.6吨的情况下续航2580千米，达到了在距离母舰

300千米处巡逻4个小时的战术要求。

E-2"鹰眼"预警机在1956年3月开始进行设计，一共制造了3架原型机，其中第一架在1960年10月21日进行了首次试飞。E-2"鹰眼"预警机的型号可以分为四个，主要有：最早的量产型A型，这一型号从1964年的1月19日开始交付美国海军使用，一共生产了56架；B型，它是在A型的基础上，改装了mod-Ax计算机的改进型，同时将雷达替换为AN/APS-111雷达，这一款飞机一共生产了51架；C型，这一型号是具有有限的对地面探测能力的预警机，改进了飞机的预警雷达，提升了美国三军联合作战的能力，一共生产了160多架，是世界上产量最大的预警机；D型，这是美国最新的舰载预警机，它在2015年开始交付美海军服役，

这一型号的最大特征是换装了新型的有源相控阵雷达，并且加入了CEC联合接战模块，使之成为美国作战体系的一个网络节点。

最早的E-2A/B型预警机都采用了美国GE公司研制的AN/APS-96雷达，它属于E-2A预警机的机载战术数据系统（ATDS）的组成部分。其搜索距离为500千米，搜索范围为360°，天线采用八木天线形式，为抛物面型。这款雷达专为美国海军研制，作战时由雷达发现目标，通过ATDS识别敌我，测出距离、速度、高度和航向，自动引导多架舰载战斗机攻击目标，同时还能和海军战术数据系统（NTDS）取得联系。其中的E-2A预警机甚至可以同时指挥50～100架战斗机作战。E-2预警机的机载战术数据系统还包括利顿公司研制的AN/ALR-73被动探测电子对抗系统、ARQ-34高频数据链通信系统和ARC-158超高频数据链、ARC-51A超高频通信电台系统，三台AN/APA-172数据显示和控制台分系统。以上分系统由QL-77/ASQ中央处理机系统控制结合为一个整体系统。

E-2A/B预警机可以执行攻击指挥、敌我识别、海面监视、测定方位、防碰救援和空中交通管制等任务。它的用途远比E-1B预警机广泛得多，堪称是"空中多面手"。E-2A/B型预警机通常执行战斗勤务的程序是：在搜索雷达发现空中和海面的目标之后，通过其机载的战术诸元系统进行数据处理和识别，并且测出目标的距离、速度、高度、航向等精确坐标信息，随后将信息传输到航空母舰上的作战指挥中心，同时对己方战斗机实施引导。

E-2A型预警机对于美国海军的实战表现有很大的提升。根据1966年8月1日美国《航空周刊》报道，在越南战场上，美国海军的飞机对越南北方95%的攻击都是在E-2A预警机的指挥和引导下完成的，解决了当时战略警戒和战术指挥的问题，E-2A预警机成为名副其实的战力倍增器。然而这一预警机也存在其固有的下视能力差、联合作战能力差的问题，这成为其后 E-2 系列预警机的改进方向。

E-2 预警机雷达天线罩上的突起物为通信天线，它设置在预警搜索雷达天线之上

美军现在的主要作战手段就是联合作战，它是一种诸军兵种的合成作战方式。经由顶层的诸军兵种战区联合指挥部就开始了联合流程，其军事参谋机构是美国的参谋长联席会议，该会议从过去的海、陆、空三军争权夺利的舞台，已经逐步演变为推进美国三军联合作战的中枢机构。美国的联合作战战略是在20世纪80年代的《戈德华特—尼科尔斯国防部改组法案》（以下简称《戈案》）颁布之后实现的。《戈案》的提出，使得美军真正建立起联合作战的指挥体制，使得联合部队的编组、联合作战计划的拟制、联合作战的指挥等问题都迎刃而解。它大幅度加强了联合司令部，尤其是战区司令部司令的权力，彻底排除了军种对作战指挥的干扰，确保了指挥统一的实现。

再者，《戈案》明确了指挥链和指挥关系，减少了指挥层级，提高了指挥效率。原来国防部长和参联会主席在指挥序列中的角色不明确，该法案则明确了作战指挥链始于总统、国防部长，通过参联会主席，到达联合作战司令部。总统和国防部长构成了国家指挥当局，战区司令部和职能司令部构成了联合作战的司令部指挥系统。《戈案》完善了联合作战计划的机制，中央司令部制定的应急行动计划为日后美军快速部署海湾战争打下了基础。而在那场改变世界军事发展脉络的战争中，E-2C预警机表现优异，为海湾战争空中攻击战役提供了强有力的支持。

联合作战要求美军所有武器都要具备联合作战的能力，因此对E-2预警机上搭载的高效传感器进行改进提升更是重中之重。原先的E-1A/B预警机只是海军根据自己的需求提出的设计方案和技术要求，飞机上的分系统也是根据海军需求设置的，空军则自己装备了E-3"望楼"预警机，两个军种的预警机完全不是一个概念，不可相提并论。然而现在联合作战的要求提出来了，海军和其他军种就必须要通力合作，以达到联合作战的技术要求。

E-2预警机的垂尾被分为4个尾翼面，其中3个面是可动面，这样可以避免因雷达天线带来的气流紊乱造成的垂尾效率下降

对E-2预警机的改进促使了世界上制造量最大的预警机——E-2C的诞生。这一次改进主要从电子设备上着手。对于预警机而言，机载平台只要能保证足够的电力和空间，那么只需要更换雷达就可以实现性能的换代提高。具有下视能力的AN/APS-120预警搜索雷达是新的E-2C预警机战术任务电子系统的核心。为它加上一

套利顿公司生产的APR-73电子侦察系统（ESM）或者称被动探测系统（PDS），再配备上新的OL-77/ASQ计算机与改进的APA-172显控台，以及新的导航和通信设备，就诞生了E-2C全新的战术电子系统。由此可见，E-2C预警机是一款集成了多项先进电子传感器的高科技集成武器。

作为预警机的核心，AN/APS-120雷达的售价高达1000万美元（1990年币值），这个价格足可以采购一架先进的第三代战斗机，或者两辆主战坦克了，但也从侧面体现出了它的先进性。这款昂贵的雷达工作在UHF波段，这一波段是多年来美国海军舰载预警机一直采用的波段，被认为具有过滤海洋背景噪音的功能。

E-2预警机在海湾战争中指挥了多次空中突击作战，立下了赫赫战功

当E-2C预警机飞行在2800米高度的时候，这款雷达对于高空轰炸机目标的探测距离可达741千米。对比过去的预警机，这一点简直令人叹为观止，能得到这个数据主要得益于AN/APS-120雷达采用的八木天线型制，这样的雷达发射米波信号，可以有效减轻信号在大气传播中的衰减，因此探测距离很大。不过对于在低空飞行的目标，比如巡航导弹则只有269千米的探测距离，对于海面战舰则有360千米的探测距离，主要是因为地球曲率的限制，毕竟地球是个球体，飞得再高

也有地平线的限制。

这款八木天线雷达为双层背靠背八木阵列，一共由7800多个组件构成，主天线一侧的前方还配备了RT-988IFF天线（一种小型的八木天线）。雷达主天线为水平极化，IFF天线则为垂直极化。天线罩由玻璃钢材料制成，直径为7.32米，厚度为0.76米，属于典型的"大盘子"型制，雷达的天线、天线罩、支撑架总重量为2吨，这一点要比E-1B的雷达系统重了不少。当然功率也要大很多，达到了1MW，雷达的方位波束宽度为4°，显示控制系统则包括了3个显控台，每一个显控台都可以显示186种不同的符号，用计算机局部刷新存储器送来的信息。于是它具备了高度集成的电子系统特征，获得了远比过去预警机更为高效的作战效率。

第一架E-2C预警机在1971年底交付给了美国海军使用，它的总体性能与可靠度都得到了较高的评价。因此美国海军量产了100多架E-2C预警机，该机在服役的几十年间，还历经了多次技术改进，先后换装了APS-125、APS-138等新的雷达，其中APS-138预警搜索雷达还增加了发射频率跳变数和多普勒频率滤波路数，增强了雷达的抗干扰能

E-2C"鹰眼"预警机出口到了许多国家，是世界上产量最大的预警机，图为日本航空自卫队装备的E-2C预警机

力。这些都使E-2C预警机的性能日益提升。

E-2C"鹰眼"预警机在它服役期内进行的最后一次重大升级是在1992年进行的AN/APS-145雷达的换装工作，这一次升级的主要目的是提升预警机对隐身目标的探测能力。隐身战斗机在20世纪90年代就已出现，中国、俄罗斯和美国等国都或多或少地装备了先进的隐形战斗机，因此预警机如何提升对低空探测目标的探测能力就成了新的课题，甚至成为它能否适应未来战场的一个重点指标。

新的AN/APS-145雷达仍然采用的是UHF这一美国预警机传统波段，它可以同时跟踪和监视2000个敌方目标，对地面或者海面雷达杂波的干扰过滤能达到55 dB，同时可以处理300～600个目标，不过它对高空轰炸机的探测距离比起原来的雷达减少了100千米，为650千米，然而这并不是退步，而是进步，因为原来在700多千米距离上获取到的目标信息是模糊的，而现在这个距离则可以获取精确的目标信息，甚至还能提供导弹火控的射击诸元。在探测隐身目标方面，它对比改进之前，对隐身目标的探测能力提升了3～4倍，取得了性能的跃升。

E-2C预警机畅销多国空军，虽然那些购入国家并没有与之配套的航空母舰，但是大都买来当陆基预警机使用，比如日本、英国、以色列等国，我国的台湾地区也装备了4架E-2C预警机。这款预警机在以色列曾经经历了实战的考验，在贝卡谷地爆发的空战中，它指挥着数十架以色列战斗机对抗上百架叙利亚战斗机，取得了击落敌机86架，己方无一损失的骄人战绩，令世界刮目相看。

如此先进的舰载预警机并非是E-2"鹰眼"预警机发展之终极模式，如今仍然在服役的E-2家族将在新世纪迎来新的家族成员：E-2D"先进鹰眼"预警机。这款预警机采用了全新的有源相控阵雷达，还加入了美国新的联合接战体系，成为真正的作战网络节点武器，真可谓是一代更比一代强。

相控阵雷达是用电的方式控制雷达波束的指向变化进行扫描的，这种方式被称为电扫描。相控阵雷达使用"移相器"来实现雷达波束转动。相控阵雷达又分为有

E-2D预警机是E-2家族目前最先进的成员，图为美国部署在日本的E-2D预警机

源（主动）和无源（被动）两类，有源相控阵雷达的英文简写是 AESA，无源相控阵雷达则是 PESA。有源相控阵雷达的每个辐射器都配装有一个发射/接收组件（T/R组件），每一个组件都能自己产生、接收电磁波，因此在频宽、信号处理和冗度设计上都比无源相控阵雷达具有较大的优势，因为无源相控阵雷达是通过将信号集中在 IFF 天线上集中发射和接收。理论上说，有源相控阵雷达有多少个 T/R 组件，就可以获得多少个信号处理路线，就可以跟踪和处理多少个目标，但是其实这一数字也受雷达后端的计算机和显控台设备的能力限制。因此，一般采用有源相控阵雷达体制的预警机，都拥有数千个目标处理能力，这比起几十年前的十几个、几十个可以说是天翻地覆的变化了。预警机也可以借此从一个战术级别武器，彻底升级为控制整个战场态势的战役级别武

器 。 幸 运 的是， 我 国 在 机载 有 源 相 控 阵雷 达 技 术 研 发领 域 一 直 处 于世 界 的 前 列，我 国 的 空 警 系列 预 警 机 也 多

航母上正在准备起飞的
美国海军E-2预警机

采用了有源相控阵雷达体制，这一点甚至比美国还要早几年。

2000年的1月份，美国海军正式提出了"先进鹰眼"预警机的计划，在新世纪的第一个月份就提出该计划，可见其对于21世纪的美国海军是多么的重要了。2002年1月，美国的诺格公司和美国海军签署了价值4900万美元的工程发展合同，2003年8月美国海军和诺格公司综合系统分部签署了价值19亿美元的系统开发和验证合同，

略显老旧的E-2C预警机驾驶舱

正式开启了这款先进预警机的研发之路。2005年3月14日，美国海军航空兵系统司令部正式宣布：新一代舰载预警机被命名为E-2D预警机。一个月后，第一架E-2D预警机开始制造。2007年5月，

由诺斯罗普·格鲁门公司制造的首架E-2D"先进鹰眼"预警机公开亮相，同年7月，美国海军支付了4.08亿美元，用以采购首批3架E-2D"先进鹰眼"预警机，单机价格为1亿多美元，这个数字可谓非常惊人。2013年10月10日，美国海军空中指挥与控制联队的指挥官德鲁·巴斯登上校签署了E-2D预警机形成初始作战能力（IOC）的文件，标志着"先进鹰眼"已经如期完成了从研制发展到作战评估的一系列工作。第125舰载空中预警中队作为第一支换装新型预警机的作战部队，在2015年初正式被部署到了"西奥多·罗斯福号"航空母舰上，他们将在美国海军网络中心战中扮演至关重要的角色。

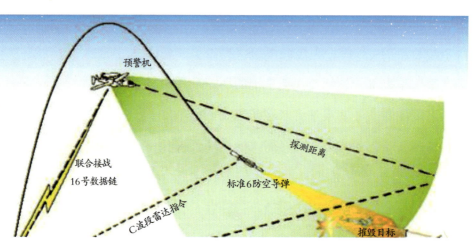

CEC联合接战能力是美国海军未来发展的重点技术，预警机在其中发挥着重大作用，图为在CEC作战模式中预警机承担任务的示意图

E-2D预警机上搭载的这款新型有源相控阵雷达叫作ADS-180雷达，它是在2003年8月，美国海军委托洛克希德·马丁公司研发的。洛马公司曾经投标过澳大利亚"楔尾计划"的先进雷达，拿到来自美国海军4.135亿美元的转包合同后，洛马公司打算在这个曾经的雷达方案的基础上研发美国海军E-2D预警机使用的ADS-180雷达，该雷达将会比AN/APS-145雷达取得跨代的性能升级。

ADS-180雷达率先采用了目前最为先进的数字式时空自适应处理技术

（STAP），这项技术实现了机载雷达对地面运动目标的跟踪能力，同时还采用了全新设计的旋转耦合器，它构成了机内电子设备和旋转天线之间的接口，将来自旋转天线的各种无线电频率信号转发到机身内部的固定电缆之中。据美国海军航空系统司令部声称，ADS-180雷达已经被命名为AN/APY-9预警搜索雷达，它将比目前美国海军E-2C上搭载的APS-145雷达有更多的目标探测数和更远探测距离，同时还可以有效地对付隐形目标。

E-2D预警机还加装了红外传感器与跟踪监视系统（SIRST）。SIRST系统的红外传感器不仅安装在E-2D预警机上，还将有一个分系统的传感器安装在航母舰队之中，借此实现火控信号互通。SIRST系统的一个小型红外传感器安装在E-2D预警机的机鼻上，它利用飞机内部的处理器、控制器和显示装置为任务机组人员提供导弹的监视和跟踪信息。该系统能通过数据链为航母战斗群提供非常准确的三维位置图像和跟踪信息。

E-2D预警机采用了新型的战术座舱系统，它不仅能够满足驾驶人员的需求，而且还将允许两名驾驶人员里的一人担任第四任务系统的操作手，提高任务的弹性。新型的战术座舱系统集成了综合导航、控制和显示系统（INCDS），为飞行员提供了增强的态势感知能力，飞行员能够通过

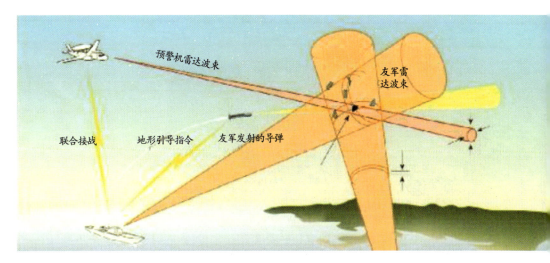

E-2D预警机是美国网络化作战中的关键节点，它可以对友军发射的导弹进行火控引导

显示系统完成大量操作，有效减轻飞行员的任务负担，提升作战效率。

E-2D"先进鹰眼"预警机添加了CEC联合接战模块，它能大大拓展防空任务，增加协同作战能力。

作为一款第二代预警机，E-2D预警机拥有良好的地面探测能力，图为执行地面探测任务的E-2D预警机

现代海战中，航母战斗群的防空系统面临巨大的挑战。首先，舰队所遭受的空中打击不再只是飞机投掷的炸弹和鱼雷，而且还有敌空中、水面、陆地发射的各种导弹和精确制导弹药，防空系统需要在复杂的作战形势下快速做出反应；其次，自然环境的影响，如飓风、电磁暴等，降低了防空系统的有效作战半径；再次，在与盟军联合实施的军事行动中，广阔而复杂的战场环境加大了敌、友目标辨识的难度。

E-2预警机在美国海军服役的时间长达60年，它曾经伴随过的很多战斗机都已经退出了历史舞台，图为伴飞F-14"雄猫"战斗机的E-2预警机，而F-14战斗机已经退出美国海军现役

另外，航母战斗群中各舰艇所具备的侦察能力都存在地域、范围、手段、精度的局限，独立侦察所获取的情报不能适应复杂环境下的作战需求。如果能够建立

一个囊括战场内所有舰艇的信息网络，将它们所获得的侦察情报加以综合，形成精度更高、范围更广、全局一致的战场态势信息，并为全舰队所共享，就能够取代传统的各自为战的海上防空作战模式，实现真正意义上的协同作战。

为了压制未来的反介入/区域拒止（A2/AD）威胁，美国海军正在研究新的空中作战样式，这种样式将更多地依赖通信和网络中心体系结构在美国海军和联合作战部队间提供及时的信息共享。通过增强战场空间感知，提高探测和跟踪能力，并将传感器与射手链接起来，从而缩短打击随时出现目标的杀伤链。E-2D预警机应运而生。

E-2D通信系统配置有6部30～400 MHz的ARC210无线电设备、Link11和Link16数据链、至少2个卫星通信设备、一部高频保密电台、一个URC-107JTIDSClass2H终端和一部多任务先进战术终端（MATT）以及AN/USG-3B型CEC联合接战设备，具备充当空中中继节点的基本条件。此外，目前USG-3联合作战情报处理系统仅能在视距范围（LOS）内使用，无法提供超视距传送能力，因此E-2D"先进鹰眼"

准备起飞的E-2C"鹰眼"预警机，机鼻的"十字"标志是其识别特征之一

也将成为舰队内最重要的中继平台。在伊拉克战场早期，E-2预警机就扮演了空中通信中继的临时角色，负责联络地面部队和美国陆军空中支援行动中心。

CEC系统正是为服务于这一目标而构建的作战指挥通信系统。测试证明，CEC能提供更强大的防护能力甚至能为战斗单元提供一种新型的能力。但是，CEC也不是万能的，它的传感器、火力控制和拦截器仍有发展和改进的空间。在一定程度上，CEC允许使用旧系统的单元，共享最新系统的好处，还为美军及其盟军在数量减少的情况下提供了更为强大的综合作战能力。

CEC系统实质上是一个利用计算机和通信技术构建的网络，它把航母战斗群中各舰艇的目标探测系统、指挥控制系统和武器系统以及预警机等有机联系起来，允许各舰以极短的延时共享各种探测器获取的所有数据，从而使整个战斗群能高度协同地作战。同时，CEC系统技术将被推广到各种指挥系统（如E-2预警机和LPD17两栖舰）上，以增强协同作战能力。美国各军种正在进行联合研究，拟将CEC系统引入"爱国者"导弹系统、军级防空导弹系统、E-3预警机、战区高空区域防御/地基雷达系统等，以形成一种真正的"无缝隙"的战区防空反导体系。CEC系统还广泛地应用于新武器的研究计划中，如"山顶"超地平线巡航导弹防御计划。显然，CEC已成为一种提高指挥系统协同作战能力的重要技术。

E-2D预警机就是这样一款可以适应联合接战能力的预警机，它可以通过数据链将来自各个平台的雷达跟踪测量数据融合为一幅高质量、实时合成和动态跟踪的雷达图像，实时地参与到军舰和飞机的信息网络之中，E-2D预警机为A射B导（A发射导弹，B引导导弹）提供了新的可能，比如说，美国海军的"伯克"级驱逐舰，将可以通过E-2D预警机发射射程为300千米的"标准"防空导弹，此时，该舰可以没有探测到目标，它只需要根据 E-2D 预警机提供的目标方位发射就可以，后续的引导将通过 E-2D 预警机进行，这样可以极大地拓展美国海军舰队的防空范围，还能够实现

E-2 预警机早已历经多场实战的检验

更灵活的防空作战可能，抵抗更高烈度的导弹攻击。

目前，美国海军已经进入了"全球公域介入与机动联合"作战时期，网络中心战将是其主要的实现手段之一，E-2D 预警机将成为 21 世纪美国海军战略的重要节点，美国海军已经为此采购了 75 架 E-2D 预警机，未来也将有可能继续扩大采购数量，以达到美国海军所期望的给每一艘航母配备 8 架预警机的规模。由此，美国海军的航母预警机可以实现连续 7 天的 24 小时不间断预警任务，这对于高烈度的现代化战争意义空前巨大，毕竟"饱和式导弹攻击"（发射超过对方防空系统承受能力的打击导弹）已经成为现代战争的主流措施，毫无疑问，E-2D 预警机将会是未来其他军事强国的大敌。

2017 年，E-2 预警机已经诞生了快 60 年，E-2"鹰眼"系列预警机兢兢业业数十载，多次历经并主宰了现代化的空战实战，从越南战场到海湾战争，从中东战场到亚太地区，E-2 预警机低沉的轰鸣声还将会回响在天地之间，它提供的作战服务还将让美军受益未来的数十

年，为什么不呢？它还会谱写怎样的篇章呢？我们拭目以待吧！

2.3 苏联的海上神鹰：雅克-44预警机

苏联海军也曾有过自己的预警机计划，不过不幸夭折了……

随着苏联海军实力的进一步提升，苏联海军在远海大洋面临的各种作战压力也变得越来越大，真是"不入远洋不知道，一入远洋吓一跳"。苏联很快明白过来，由于载机舰，特别是多功能舰载机的缺失，导致苏联海军在搜索和打击敌人的方面面临严峻的形势：没有航空侦察设备，如何在远洋迅速确定敌舰方位？没有这个能力，所谓的搜索——突击群又有多大的战术可靠性呢？苏联开始意识到，面临西方国家越来越强大的空中力量，如果没有载机舰的加入，整个舰群在面对空袭时的作战稳定性将会受到沉重打击，因此，在舰队里添加重型载机舰越来越成为苏联海军的一个迫切现实要求。

"库兹涅佐夫号"大型载机巡洋舰（航空母舰），是苏联海军发展的顶峰作品，它原本有过搭载雅克-44预警机的设计，后因为在北极附近蒸汽弹射器效率较低而取消了弹射器的设计

1972年，苏联海军、空军和造船工业部经过反复研究得出结论，如果没有舰载歼击机的空中掩护，建立远洋舰队就毫无意义，而舰载机应当是普通型的飞机，不是垂直起降的飞机，这就意味着，苏联新一代航母的设计必须从根本上改变原先重型反潜巡洋舰的思路。

根据研究的结论，1973年7月6日，苏联造船工业部、航空工业部和国防部联合科技委员会讨论通过了一项新型航空母舰技战术任务书，而拿到任务书后，涅夫斯基设计局开始实施代号为"鹰"的核动力航母研制计划：其排水量为72000吨～75000吨，舰载机60～88架，安装4座蒸汽弹射器。海军总司令戈尔什科夫同意了这一方案，但是考虑到苏联海军的实际情况，建议吨位应再小一点儿，并且加装反舰导弹，以求得苏联领导人的同意。次年，这一方案得到了国防部长格列奇科，海、空军和造船工业部及航空工业部领导人的支持。然而，当时的苏共中央委员会书记，坚定的载机巡洋舰支持者乌斯季诺夫突然提出，在实施该方案之前，应先在"基辅"级三号舰"新罗西斯克号"上安装设备进行测试。

"乌里扬诺夫斯克号"核动力航母，是苏联原本用于搭载雅克-44的第一种航空母舰，图为其建成想象图。图中可见停放在斜角甲板起飞点准备弹射起飞的雅克-44"红色鹰眼"预警机

硕果仅存的雅克－44预警机全尺寸木质验证模型，可见其接近3层楼高度的机身

1976年12月，苏联的设计局又设计了带有航空装备的1153型大型载机巡洋舰，该舰载有总数为50架的各种新型飞行器，主动力装置为核动力蒸汽动力装置，满载排水量68000吨，最大航速为32节。面对新的设计方案，苏联部长会议做出决定，批准于1978年到1980年建造排水量各为60000吨的大型航空武器巡洋舰，采用核动力装置，但是航母的发展方向随后再次偏离，苏联决定将核动力装置用于第五艘基辅级巡洋舰，使用常规动力装置取代新航母的核动力装置。

经过一系列的反复设计修改后，1982年9月1日，1143.5型在黑海造船厂开工建造了，此时其舰名为"里加号"，该舰于1982年11月26日被更名为"勃列日涅夫号"，1985年12月4日，该舰以"勃列日涅夫号"的名字下水，1987年8月11日，

非常难得的雅克－44预警机木质验证模型的侧面照片。图中可以看出其和美国的E-2"鹰眼"预警机外观相似度非常高

该舰再度更名为"第比利斯号"。1989年夏天，其船体完成71%的建造，1991年11月苏联宣告解体之前，它从黑海紧急出发驶往北方水域，加入北方舰队，直到1993年，它才接收舰载机。二号舰一开始也叫"里加号"，1990年7月"里加号"被更名为"瓦良格号"。截止到1991年11月，"瓦良格号"的建造率已经达到了68%。苏联解体后，"瓦良格号"由今天的乌克兰共和国获得。由于乌克兰经济状况不佳，于是工程在1992年1月停工，从此半途而废了。

从时间上看，该级舰既代表着苏联载机舰发展的高潮，也代表着苏联载机舰发展的尾声。最终，苏联并未能从该级舰的建造当中获取什么战术、战役、战略的利益，只有"库兹涅佐夫号"一艘载机舰被交到了后来的俄罗斯海军手中。

随着这一级载机舰一起走进人们视野的，还有原本打算搭载在核动力大型载机舰"乌里扬诺夫斯克号"上的"红色鹰眼"——雅克-44预警机。这是一款外观酷似美国舰载E-2"鹰眼"预警机的苏制舰载预警机。因为外观类似，北约国家送它的代号和美国的E-2一样，都是"鹰眼"，因为它有着浓烈的意识形态性质，所以雅克-44就成了大名鼎鼎的"红色鹰眼"。

雅克-44预警机是由苏联的雅科夫列夫设计局设计的，和第一章出现的图波列夫设计局不同，雅克夫列夫设计局在苏联主要承担舰载机的设计任务。在苏联的航空产业划分中，图波列夫设计局主要承担大型飞机，比如运输机、轰炸机的设计任务，苏霍伊和米格设计局主要设计战斗机，而伊尔设计局则主要设计大型军用运输机和加油机。雅克夫列夫设计局设计制造的雅克-38和雅克-41都成为一代经典舰载机，它们开创了垂直起降战斗机的新时代，雅克-41战斗机的矢量发动机技术甚至被美国人借鉴，制造出了属于美国人的F-35隐形战斗机。

雅克-44作为一款舰载预警机,它的机体设计充分考虑到了舰载的需求,采用了低平的垂尾设计来降低整机高度,同时采用了折叠机翼以降低飞机待命时占据的宽度空间,如此一来就为寸土寸金的航母甲板操作提供了便利,要知道这可是一架比E-2C预警机还要大些的飞机。它的机长为20.5米,飞机机翼展开后有25.7米宽,折叠机翼之后则有12.5米宽,机翼的面积为88平方米,飞机全高5.8米,最大起飞重量达到40吨,可携带10500千克的燃油,在两台D-27发动机的驱动下,可以飞行4000千米,这比美国的E-2C预警机还要远1000千米,留空时间也更长,体现出雅克夫列夫设计局优越的机体平台设计技术。飞机里有6名乘员,包括两名飞机驾驶员和4名雷达操作员。飞机还装备了3台现代化显控设备,可以同时处理200个目标节点,这一点比起美国的E-2预警机落后了许多,体现出苏联在电子产品发展方面与西方的差距。

被拖往中国的"瓦良格号"的未完工的舰体。该舰被拖到大连造船厂后,被改造为我国海军第一艘航空母舰"辽宁舰"

雅克-44预警机的雷达同样也存在问题,和同时代的E-2C预警机差距很大,其预警雷达采用的是俄罗斯NPOVega设计局研制的"量子-M"脉冲多普勒预警搜索雷达。这一雷达采用了机背背负的旋转雷达天线,天线罩的直径为7.3米，而雷达的平均输出功率只有5kW，也就是说，这个大小和孔径接近于E-2C预警机搭载的APS-120雷达的苏联产"双胞胎"雷达，其功率只有美国同类雷达的一半，这不得不让人嗟叹，苏联的电子产品质量是多么不尽人意。这台雷达对空中雷达反射面积为3平方米的目标具有250千米的探测距离，而对低空飞行的巡航导弹和小型攻击机，比如AGM-84这样的导弹，则只有165～220千米的探测距离，它可以同时跟踪150个目标，并指挥飞机攻击其中的40个目标。相比起美国的"大兄弟"E-2C预警机动辄上千个的跟踪目标和数百个的打击目标而言，这无疑是天差地别的差距了。虽然雅克-44"红色鹰眼"的雷达和美国差距巨大，但是由于其得益于雷达采用脉冲多普勒体制，所以它也具有精确定位的能力，可以指挥导弹，并为防空系统提供远程火控射击诸元，达到了国际第二代预警雷达的水平，和E-2预警机基本处于同一分代。

雅克-44预警机原本设计出来准备装载在苏联的大型核动力载机舰上，从航母的斜角甲板布置的弹射器轨道上起飞，以构成苏联全新的搜索—打击舰群，迎接它那更为广阔的前途，然而最终它并没有飞起来。就在雅克-44计划进展顺利，已经制造出一架全尺寸的木质科研模型的时候，苏联这个曾经的红色超级大国瞬间解体了。1991年12月，苏联宣告解体，冷战结束！原本属于苏联海军的各个舰队被新生的国家瓜分，曾经雄心勃勃的造舰计划被迫停止，而划分给俄罗斯海军的很多舰艇则陆续被封存或者直接退役拆毁。一时间，俄罗斯海军仅存"库兹涅佐夫号"航空母舰1艘、"彼得大帝号"核动力导弹巡洋舰1艘、"莫斯科号""瓦良格号""乌斯季诺夫号""刻赤号"导弹巡洋舰4艘（不过"刻赤号"巡洋舰在2014年11月发生失火事件，经过简单的修复并不能解决问题，现在已经退役），还有8艘"无畏"级驱逐舰，1艘"无畏"2级驱逐舰，以及8艘956型"现代"级驱逐舰和一些护卫舰与登陆舰、核潜艇等。随后到来的经济大衰退则又令原本就为数不多的保留舰艇失去了急需的运转经费，拆解军舰和核潜艇也消耗了大量的资金，造船厂被迫停工，失去了经济来源。曾经驰骋于大洋深处的艨艟巨舰们，从此开始了在军港中蹉跎岁月，慢慢变得锈蚀。而原本与苏联交好的国家，则一个接一个地被以种种理由拆解推翻。建立初期的俄罗斯联邦在战略上被压制得喘不过气，国内的政治局势动荡不安，车臣等分裂势力依然存在，经济连年倒退，工业衰败不堪，科研也陷入了停顿，大量技术工人和专家外流，处处给人一种无可奈何的败象，历史也由此进入了新的时期。

俄罗斯最新设计的航空母舰模型

苏联原本打算建造16架雅克-44预警机，将其装备在未来服役的4艘大型核动力航空母舰上，然而1991年苏联解体后，雅克-44研发被终止，仅仅留下了那个全木质的模型。至今，俄罗斯还没有从这场地缘政治大灾难中缓过劲儿，俄罗斯的经济和军事力量连年下滑，和曾经的辉煌相比简直是天壤之别。

2000年6月14日清晨，从荷兰赶来的拖船队从乌克兰的尼古拉耶夫市缓缓地拖走了"瓦良格号"，它的目的地是遥远的中国。身患重病的黑海造船厂厂长马卡洛夫专程赶来目送"瓦良格号"的"最后一程"，泪水从他的脸颊上滑下，他心中不禁深深感叹：一支足以在全球抗衡美国的海军就这样烟消云散了，红海军的光荣梦想破灭了。"瓦良格号"航母的命运折射出整个苏联时期载机舰及舰载机系统发展的悲愤性结局。它也从另一方面反映出：航空母舰是人类历史上最复杂、最昂贵的武器。建造一艘航母需要苏联这样的超级大国倾全国之力，也正是因为如此，航空母舰在二战后面临的最大敌人就是政治家。即便在美、英这些西方海洋国家也莫不如此。而苏联这种陆权国家在发展航母上更是严重的先天不足，推动其航母发展的更多是源于民族内心的海洋梦。

苏联解体后，7艘航空母舰各自接受着命运的安排：两艘"莫斯科"级直升机航母被印度拆毁，它们在印度破败不堪的拆船厂空地上，高昂着头走完了最后一程；"基辅"级的4艘有两艘在中国成了航母公园，其余两艘，1艘被韩国拆毁，1艘由印度出资，俄罗斯为其改建为"维克拉玛蒂亚号"航母继续服役，而"瓦良格号"航母则被乌克兰以废钢铁价格卖给中国，在中国经过修整改建成为中国海军第一艘航母——"辽宁号"。苏联航母七兄弟，最终拆的拆，卖的卖，失散在世界各地，承担起不同的任务，巨舰的命运和国家的命运竟然如此契合，令人不禁唏嘘感叹。

"库兹涅佐夫号"航空母舰

2.4 俄罗斯航母的天眼：卡-31

苏联解体后，俄罗斯迅速从乌克兰将唯一的一艘航母——"库兹涅佐夫号"开走，从黑海的尼古拉耶夫造船厂一路赶往北冰洋海边的北摩尔斯克港，使其在俄罗斯海军服役，俄罗斯人为此很开心，因为他们拥有了这个大宝贝，就相当于继承了苏联海军80%的军事力量。

抢眼的航母到手了，没有舰载预警机怎么能行？可是雅克-44预警机的研制已经在1993年就被停止了，总不能让航母战斗机自己去执行侦察任务吧？这和那些小型航母有什么区别呢？"库兹涅佐夫号"毕竟是一艘满载排水量超过60000吨的大型航母，具备远程航空探测能力本应就是自然而然的事情，俄罗斯人想到了卡-27反潜直升机，并最终从卡-27反潜直升机的基础上发展出了一种独特的预警直升机——卡-31。

说起卡-27系列直升机，就不得不提苏联的一个强大的设计局——卡莫夫设计局。这个设计局几乎设计了全部门类型号的苏联军用直升机，从卡-8直升机一直到卡-52武装直升机，卡莫夫设计局一直以其独特的共轴双旋翼直升机技术著称，而今天的主角卡-31直升机技术来源则可以一直上溯到卡-25直升机。20世纪60年代，卡莫夫设计局研制成功卡-25，这架飞机的起飞重量是7.5吨，携带了吊放式声呐、磁异探测器、反潜鱼雷或深水炸弹。在1966~1975年间，卡-25大量投产，一共生产了460架，成为海军舰载反潜直升机的主力机种。

随后，设计局对卡-25进行了现代化改型，研制出新型舰载直升机卡-27。同卡-25相比，卡-27载重量提高了2倍，效率提高了5倍。卡-27成为俄罗斯海军主要的舰载反潜直升机机种。卡系列直升机的主设计师米哈耶夫不满足于仅让直升机在海上执行作战任务，还想让其能在陆上作战，经过不懈努力，他又在卡-27的基础上进行改型，成功研制出了能进行陆战的卡-29。

卡-27型舰载直升机现在是中俄海军航空母舰的重要武器，它也是卡-31预警直升机的载机平台。

卡-27型舰载直升机采用传统的"卡莫夫"布局：共轴反桨。从结构上看，此直升机由机身、升力系统、控制系统、动力装置和起降设备组成。卡-27直升机桁条式全金属制造的机身由前部、尾部、发动机吊舱和尾翼构成。分布在机身前面部分的是带有非弹射座椅的领航员和飞行员座舱；位于直升机货舱中的是雷达领航员位置和直升机系统的设备，其两侧是燃油箱；炸弹舱分布在下面的纵向油箱之间，位于它后面的则是吊放式声呐舱。直升机的尾翼包括带有固定安装角的水平安定面和带有控制舵的两个垂尾。

卡-27直升机的动力装置舱中配置了两台TB3-117KM型发动机、BP-252型减速齿轮、辅助动力装置、风扇、滑油散热器和操舵系统。卡-27直升机拥有"卡莫夫"系列直升机特有的两个同轴旋翼，其中的每个旋翼都由固定在轴套上的3片玻璃钢桨叶构成。这些桨叶可以由4个人在1~3分钟内沿直升机机身用手折叠起

卡-27直升机具有典型的"卡莫夫"直升机双桨共轴的特点

来。TB3-117KM型发动机由伊佐托夫领导下的列宁格勒设计局制造。这个发动机在结构方面的最大特点是：拥有自由涡轮，且该涡轮在运动方面与涡轮压缩器的转子无联系。这样一来，当直升机的其中一个发动机发生故障时，直升机的使用并不会受到太大影响。BP-252型减速齿轮与2台发动机共同组成了统一的动力装置，这些发动机的功率汇集在一起，可以大大保证该功率传递到旋翼的轴上。

　　卡-27直升机的适装性非常好，我们会经常看见一艘普通的俄罗斯护卫舰，在其狭小的舰尾飞行甲板上起降卡-27的画面。这架飞机的旋翼直径为15.90米，机长为11.30米，高度为5.40米，如果将旋翼进行折叠，飞机的宽度就可以控制在4米，对于一款中型舰载直升机而言，这样的尺寸可以为飞行带来极大的便利。卡-27最大的有效载荷为4吨、外挂5吨，最大起飞重量为12吨，在这个重量之下，飞机可以取得250千米/小时的最大平飞速度，飞机的实用升限是6000米，悬停高度为3500米，续航时间为4.5小时。虽然卡-27直升机在几乎所有的性能上，包括飞行的速度、距离、留

卡-27直升机的适装性极佳，机体在保证了充足的载重和空间的情况下，还能适用于各种大小的舰艇，真可谓是一种"万金油"直升机

空时间、载荷等数据上都不如固定翼预警机，甚至都不如最早的固定翼舰载预警机，但它最大的优势是部署和携带灵活。

卡-27直升机在1969年开始设计，1974年12月进行了原型机首飞，1982年交付苏联海军使用，北约给它起了一个有趣的绰号"蜗牛"，说真的，卡-27方头方脑的样子，还真像是一只大蜗牛呢。1985年，苏联开始在卡-27的基础上设计预警直升机，1987年新的预警直升机就要开始试飞了，后来却受到苏联解体的影响，预警机直升机研发进度放缓，一直到1992年才开始在俄罗斯的"库兹涅佐夫号"航母上进行测试，1995年，第一批的两架卡-31才正式交付俄罗斯海军使用。

服役后，新的预警直升机被俄罗斯命名为卡-31，它相比卡-27直升机，有以下改进：第一是取消了笨重的传统飞行仪表，取而代之的是现代化的光电显示屏，这样可以最大限度地减轻飞行人员的操作压力，以便他们能去操作雷达和通信设备。第二，它的座舱比卡-27直升机更宽，并安装有2个额外的显控设备，用以显示雷达的画面；它还提供了两个雷达操作员的战位，使得飞机具备最低限度的指挥作战能力；并且卡-31直升机没有反潜能力，它安装有格洛纳斯Kabris12通道的全球定位系统。第三，在动力系统方面，卡-31的发动机采用2台更强大的克里莫夫TV3-117VMAR发动机，取代了原来的发动机，以吊起庞大且沉重的雷达天线。第四，卡-31直升机还装备了16通道数字通信系统（Link16战术数据链路），可以覆盖400千米的范围。第五，也是最重要的改变，就是在于雷达上，卡-31直升机在卡-27原来的搜索雷达基础上，增加了一部E-801M型机载搜索雷达，雷达天线是一种矩形天线的无源相控阵雷达天线，采用脉冲多普勒体制，天线的方向扫描采用机械式，而上下扫描则采用电扫描。雷达在平时待命时被收起平贴在飞机的腹部，当工作时则展开在飞机的机身下部，以每分钟6转的速度旋转，旋转时飞机需要悬停。这

卡-31舰载预警直升机拥有一个下挂式的预警搜索雷达

款雷达对雷达反射面积为 1.8 平方米的目标，具有 110 千米的最大搜索距离，而对于驱逐舰等军舰目标的搜索距离则可以达到 250 千米，这个数据可以说并不出色，相比起固定翼预警机 300 千米的探测距离，甚至是 600 千米的对空探测距离，卡-31 能够提供的这点探测距离简直是太近了。直升机空间小，载重差，不能搭载大功率发电机，好在这部雷达是无源相控阵的体制，在它能够探测到的距离上可以提供火控射击的精确诸元。该雷达可以处理 200 个目标，并且同时跟踪其中的 40 个空中或海面目标，这个数据比起 E-2C 固定翼预警机的上千个探测目标和数百个跟踪目标而言，实在是拿不出手。E-801M 雷达长 6 米，宽 1 米，对于直升机而言这可是一面巨大的雷达了，它的重量足足有两吨重。

预警直升机在实战中如何使用？它的作用能有多大呢？我们可以做一个假设的推演。在这场假设的作战模拟中，"库兹涅佐夫号"航母舰群和假想敌的舰群事先都不知道对方的作战阵位在哪里，它们都处在机动侦查敌方位置的过程中，此时"库兹涅佐夫号"航母舰群可以派出卡-31 预警直升机，以 4 架为基础，分布于舰队的四个方向上，距离母舰150千米远的距离上，这样无形之中就构成了一个巨大的、朝向四个方位的，类似于宙斯盾体制那样的探测综合体，这些飞机搭载的雷达对外探测，雷达探测距离

我国海军航空兵的卡-31，在研制成功了性能更好的直-18预警直升机后，我国海军也不再需要引进此类预警直升机了

加上飞机飞行距离，使得整个舰队对海情控制的范围达到了400千米级别，而对空中的探测距离则达到了260千米以上，这样，整个舰队实际上取得了对周边战区的战场情报控制权。

同时，直升机还可以继续前出到距离母舰300千米左右的区域进行最大距离的探测，此时若与雷达配合，预警直升机可以获取距离母舰550千米以外的海上情报，与此同时，"库兹涅佐夫号"航母还可以派出苏-33战斗机，进行五方位侦查，侦查的范围可以继续扩大。而如果没有预警机，假想敌舰队就没有这么幸运了，他们只能派出侦查直升机进行周围探测，其对海探测距离最远达到200千米到300千米，并且探测的角度和范围较小，如果这个假想敌还不能搭载固定翼飞机，那这也就是其对海的探测极限了，对空中目标的探测也同样由此受限。

所以，以"库兹涅佐夫号"航母为核心的航母战斗群实际上是可以实现先敌发现目标，这样有利于抢先发动第一波次进攻。比如，在苏-33执行巡航任务的过程中，或者预警直升机进行搜索时，一旦发现敌军的空中侦察目标，则可以迅速将其击落；苏-33战斗机在对抗敌方的直升机时，具有绝对的压制力，得到敌情的航母可以借机迅速出动一个波次12架的反舰战斗机编队，每一架挂载有2枚KH-31反舰导弹，这样就可以对假想敌舰队进行一次强有力的进攻。

所以，即便是没有固定翼预警机，为航母配备预警直升机也是必要的，它对于压制敌人的探测系统，争取到作战主动权还是有重要意义的。因此，印度和我国在使用了俄式的航空母舰后，也迅速引进了卡-31预警直升机以补充自己的作战体系。我国一共购买了9架卡-31预警直升机，印度则购买了更多，达到了18架。不过随着我国成功自主研发了直-18预警直升机和JZY-1型舰载固定翼预警机后，对于卡-31的需求已经降低，目前在我国第一艘航母"辽宁号"上担负预警搜索任务的就是我国自主研发的直-18预警直升机。

2.5 美国的空战指挥官：E-3"望楼"

说完了舰载预警机，我们现在要开始带领朋友们去认识一下预警机家族里的"大哥大"——岸基预警机了。岸基预警机，顾名思义就是依托陆地机场部署而使用的预警机，它们和舰载的预警机不同，一般体量都比较大。这样做的好处是显而易见的，因为体量大就意味着雷达尺寸、功率、电力的增加，飞行时间增加，飞行距离的增加以及显控台和雷达操作人员的增加等，从而使其发挥更加全面和强大的探测与指挥功能。

岸基的预警机一般都被称作"战役级"预警机，意即在普通规模的战

E-3预警机是美国第一款岸基第二代预警机，其搭载的PD体制雷达为美国军力升级提供了不小助力

斗下不必使用它们，只需要出动小型侦察和探测飞机即可。只有在师级以上规模的战役中，才会考虑动用这种"空中指挥所"。前文我们说到舰载预警机已经进入了第二代的脉冲多普勒雷达时期，那么岸基预警机又是如何进入第二代的呢？这就要从我们的主角E-3"望楼"预警机说起了。

对于E-3"望楼"预警机，你用怎样高的评价去描述它都不为过。它的确是一款令人敬佩的飞机，原因是它的出现开创了真正的战役预警机"机载预警与控制系统"的理念。预警是探测，是情报；控制是指挥，是掌控。E-3"望楼"预警机就在这样的概念中诞生，要知道这个概念提出之时，还是1963年，那个时候连电脑都没有！在那样一个电子技术落后的年代，设计师们就能想象出这么一款预警机，简直是不可思议。

E-3"望楼"交付使用后，收获了"现代防空的第一需要""高度万能系统""奇异的财富""是指挥和控制能力的巨大飞跃"等赞誉，这些褒奖之词都是出自各国军政要员之口，足以说明这款预警机对于现代战争的意义。它就像是古代战场上的瞭望塔，掌控着战场的全局，被叫作"望楼"真是再贴切不过了。

E-3"望楼"预警机的标准照片,这张照片简直成了预警机的代名词,广为流传

在冷战高潮时期的1963年,面对华约的压力,美国空军防空司令部正式提出了"AWACS"(Airborne Warning And Control System)概念,从此开始了机载预警与控制系统的研制计划。刚开始,研制就遇到了极大的困难,因为当时的电子技术很落后,现在一台电脑可以解决的事情,在当时却需要无数的机械计算机和打字机以及其他设备去完成,因此在最初的10年里,计划进展不大,主要是地面杂波反射强于高空,飞机在空中对地探测,地表凹凸不平,建筑较多,飞机雷达下视探测,会受到多种地面反射杂波影响,对低空搜索有干扰。

对这一项目进行深入研究非常有必要。陆地对雷达波的反射要比海面强得多,毕竟陆地的密度要远远大于海洋,因此机载预警雷达从空中下视搜索低空飞行的小型目标时有很大的难度,这对于杂波过滤和增益强化效果的技术有着极高的要求。

在20世纪50年代的时候,雷达理论研究者就曾指出,如果要对付这样强烈的杂波影响,就只能使用脉冲多普勒雷达技术,此后使用这种体制雷达的预警机就被国际划代标准定为第二代预警机。要想把脉冲多普勒技术应用于机载雷达中,就必须突破"三高"技术。一是必须具备能在比目标回波强几十万倍的杂波中，分辨出目标信号的高性能信号处理器；二是必须具备能够有效减小雷达接收到的杂波能量的高性能天线；三是必须具备能够发射"纯净"频率电磁波的高性能发射机。这三大技术称为机载雷达的"三高"技术。正是由于这三大技术难题的存在，使得从提出脉冲多普勒技术的雷达原理，到最终在机载雷达上运用自如，整整用了20年时间。在美国，有一家公司在脉冲多普勒雷达技术领域有着很深的造诣，那就是西屋公司，也就是威斯汀豪斯公司。威斯汀豪斯公司在1956年就研制出了一款可以用于截击机使用的PD（脉冲多普勒）雷达，随后他们就得到了美国军方的资助，在国家的援助下，他们研制出了DPN-53雷达、APG-59雷达等PD雷达，广泛应用在美国的防空导弹和F-4"鬼怪"战斗机上。其中，为了满足"鬼怪"战斗机的需求，在20世纪60年代一共生产了1000多部APG-59雷达，为威斯汀豪斯公司赚取了巨额的利润。

时值美国刚提出"AWACS"计划，便召集了其国内最为拔尖的12家军火大企业，联合论证该计划实现的可行性技术：怎样才能从一片白茫茫的雷达杂波中检测出低空的小目标？这是个复杂的系统工程，也是E-3预警机最终能否顺利诞生的关键。这12家军火公司一共拿出了不同体制、不同性能的5种雷达和6种载机进行对比测试。威斯汀豪斯公司也在其中，而且是最幸运的那一个。1972年10月5日，他们研制的高脉冲重复频率的脉冲多普勒雷达最终被选定为E-3预警机搭载的雷达,威斯汀豪斯公司随即从1972年底开始,用了两年的时间进行了一系列的功能试验和可维护性等飞行测试。

他们研制的脉冲多普勒雷达，后来被定名为AN/APY-1预警搜索雷达。在E-3预警机上一共有8大组成系统：载机、监视雷达功能组、导航与制导功能组、敌我识别功能组、数据处理功能组、计算机程序功能组、通信功能组、数据显示和控制功能组。这些分系统一起构成了一个完善的

E-3"望楼"预警机可以很好地过滤地面反射的雷达杂波，因此经常用于对低空和地面目标的搜索

E-3预警机是美国空军的指挥机，其代表了美国的军事力量，因此经常被用作精美海报的主角，用以宣传美国军力的强大

空中警戒和控制系统。作为E-3预警机核心的AN/APY-1雷达，在历经多次改进后，至今仍然是世界上最先进的预警机雷达之一。

这款雷达是一个专用机载监视下视雷达，AN/APY-1雷达有3个突出的优势：良好的下视能力，远距离探测能力，良好的抗干扰性能。主要用于探搜低空目标，比如低空高速飞行的轰炸机或者巡航导弹，还能对己方的作战飞机进行指挥控制。雷达可以同时处理600个目标，引导100架己方战斗机参与空中作战。通常有100架战机参战的空战已经是战役级的规模了，所以E-3"望楼"预警机是可以作为战役指挥中心而存在的。

AN/APY-1雷达系统采用的先进技术措施有：极低副瓣天线，超高稳定信号产生和处理技术，先进的数字式数据处理技术。这部雷达的数字化程度高达90%，该雷达采用了方位机械扫描，高低电子相扫的方式工作，工作的频段为E/F频段，先进的软件设计使得该系统具有很高的灵活性和可靠性。AN/APY-1雷达的单价高达3000万美金（1980年币值），这样的价格，已经足够购买一架F-16战斗机了。如此昂贵的雷达，自然有其高超的技术性能，AN/APY-1雷达在载机高度为9600米时，它对于高空飞行的大目标有667千米的探测距离，对于中型目标则有445千米的探测距离，而对于低空的小型目标，也有324千米的探测距离。一部雷达能探测高空目标并不稀奇，但能在具备优秀的高空探测的能力下，还兼顾有世界顶尖的低空小目标探测能力，这可就是难上加难了，相比起普通预警机仅仅能达到100～200千米的低空探测能力，E-3"望楼"在低空探测的距离和精度上都可谓是炉火纯青。

此外，AN/APY-1雷达还采用了裂缝波导平面阵列天线，它由28根主波导、2根辅助波导组成。其中最长的一根主波导长度达到了7.315米，雷达天线的尺寸为7.3米×1.5米，雷达旋转罩的尺寸则为直径9.14米，高1.8米，从尺寸上而言，E-3预警机的雷达尺寸要远远大于E-2预警机，以及之前所有的美国预警机，巨大

研制E-3预警机的难点就是其PD体制的预警搜索雷达，通过这张俯视照片可见其AN/APY-1雷达天线罩的具体形态

的雷达尺寸带来的是超高的雷达功率和探测精度。AN/APY-1雷达的相关处理器为一部高速电脑程序控制的计算机，以完成整个雷达系统的管理、处理和数据监测。相关处理器通过内部数据通信设备对发射机、接收机等进行管理控制，并且处理接收到的其他各种传感器数据。E-3预警机上为此装备了9台多功能控制台，每个控制台都有一部19寸的显示器，为操作人员提供各种信息。另外飞机还装备了5个辅助显示器，采用文字显示，用以显示各种诸元数据。

除了雷达，在载机的选择上，美国也是慎之又慎，毕竟这是一款超越时代的预警机，超前的计划必然带来更加严格的计划审查。美国空军在1967年向两家航空公司授予了工程技术发展合同，这两家公司分别是波音和麦道，它们如今都已是如雷贯耳的大型航空公司。波音公司建议采用波音707大型客机改造出预警机平台，而麦道公司则认为采用DC-8客机更为合适。虽然两家公司意见不同，但是他们都赞成将雷达布置在飞机的机背上——这也成为后来预警机普遍的雷达布置方式。最后，美国选择了波音公司的方案，用波音707-320B客机，换装4个TF-33军用涡扇发动机，在机背中后部安装一个直径9.14米、高1.8米的雷达天线旋转罩。

波音707-320B飞机机长达到了43.68米，比起E-2预警机长出来近一倍，因此可以容纳更多的处理设备，提高指挥控制能力。飞机的翼展为39.27米，在改装成为预警机之后，飞机总重达到了147.4吨，可以在8500~9000米的高度，以850~950千米/小时的速度巡航11个小时，同时还可以在距离基地1600千米的地方，持续值勤6个小时。从1972年4月开始，美国空军在5种不同的地面上空（沙漠、农田、起伏林区、光秃山区以及海面）进行了49架次、共290小时的试飞工作，检验了包括各种目标对象在内的探测情况。1973年1月起，美国又开始对E-3A预警机的系统集成进行试飞验收，除了检验飞机的性能、雷达和其他任务电子分系统的功能外，还考核了该预警机和空军、海军的作战系统以及通信网的接口交联情况。1975年，E-3A预警机在欧洲进行的一次测试中，在距离目标600千米远的地方探测到了一架在150米低空飞行的F-4"鬼怪"战斗机，并且连续掌握了其飞行轨迹，引导截击机成功对其拦截。

通信方面，E-3A预警机装备了13个通信电台，除了引导用的TADIL-C数据链以外，还有传递雷达情报用的TADIL-A数据链，另外还装备了UHF和VHF波段的调频/调幅话音台、短波（HF）远距离通信用的话台和数据链等。E-3A预警机的通信系统还可以和通信卫星相链接，卫星通信在军事上的作用，从它一

E-3预警机上搭载的AN/APY-1搜索雷达的末端显控设备，在那个年代能制造出这样的电子产品已属不易

诞生开始就引起了人们的关注，在20世纪60年代后半期，北约就已经建立起了3个军用卫星通信系统，以担负它们在主要干线上的战略通信任务。到目前为止，美国的军用通信卫星被划分为战略、战术两个部分，战略通信卫星主要是给美国的远程洲际武器进行中继通信，而战术通信卫星则负责为飞机、军舰、车

辆和地面部队提供通信。

E-3A预警机充分利用了卫星通信范围广、信号强的特点，因此它可以做到在西海岸飞行，却可以将雷达的信号通过卫星的转发和放大，在美国东部华盛顿的五角大楼里显示，成功地为国家战略决策提供了信息。需要特别强调的是，E-3预警机的通信传递速率非常强大高效，它可以在13分钟之内，同98304个用户进行应答通信，信息的传输速度比起最早的预警机提升了1000多倍。除此而外，E-3预警机的通信系统还具有抗干扰能力强、保密性好、系统容量大、数据传输快、电磁兼容性好、与数字式设备适配等诸多优点。

E-3预警机的导航系统由三套导航设备构成：第一个是惯性导航系统，包括两部AN/ASN-119型惯性导航仪，它们不需要参考地面辅助设备就可以提供给飞机可靠的基本导航数据，主要用于测定飞机的速度和方向等数据。第二个是奥米加导航系统，它由1部AN/APN-120型奥米加导航仪构成，它导航精度在1.85千米以内。第三个则是多普勒导航系统，它由1部AN/APN-213型多普勒导航仪组成，可以提供飞行中精确的速度和偏

正在E-3预警机上执行任务的雷达操作员

流数据，用以不断校准飞行的速度和方向。三个导航系统结合起来，具有很高的稳定性，可以计算出飞机的飞行高度、轨迹、位置，并且把这些数据送入计算机，从而为飞机提供小于1海里的导航总误差，这个精确的导航系统是E-3预警机可以实现洲际飞行的主要帮手，以防它在茫茫天空中迷失方向。

最终，经历了15年的漫长研发历程，1977年3月，首架E-3预警机终于交付到美国空军服役了。截止到1978年5月，首批8架E-3预警机交付并形成了初步的作战能力。而在1977年至1981年的4年时间里，西屋公司又对AN/APY-1雷达进行了改进，增强了海上搜索能力，改进后的雷达称为AN/APY-2雷达，同时将IBM提供的计算机CC-2装备在飞机上，电脑的装备使得飞机上各系统的处理速度提升了3倍，且雷达也不再需要人工进行操作，跟踪的目标数量也从100个提升到了400个。除此之外，飞机又增设了5个显控台，使得飞机的综合显控台数量达到了14个，指挥作战的能力提升了1/3，改进后的飞机被称为是E-3B预警机。最早的E-3A/B预警机一共生产了34架。

而从1984年开始，E-3B加装了任务电子设备，并在通信分系统中增加了先进的"联合信息分配系统"设备，并从第23批次开始，对在1984年交付的10架E-3进行了改进，此后，这一批次被称作是E-3C预警机。随后，美国为英国皇家空军研发了其专用型号的系列预警机，这一款被称为是E-3D预警机，而为法国研发的E-3则被称为是E-3F预警机。截至目前，E-3系列预警机一共生产了68架，除了美国和北约装备的52架外，英国装备了7架E-3D预警机，法国装备了4架E-3F预警机，沙特则装备了5架E-3A预警机。

E-3系列预警机在服役之后，发挥出巨大的作战效能。1977年，美国在一次北约多国联合演习中，出动了4架E-3A预警机，指挥从九个不同

第2章 解密世界著名预警机

一架坠毁的E-3预警机。到目前为止，E-3预警机最大的敌人就是自己。迄今为止，除了自身事故损失外，还没有一架E-3预警机被击落

国家机场起飞的433架战斗机作战，并探测跟踪了从华沙到巴黎之间飞行的每一架飞机，竟没有一次遗漏。在同一年的另外一次军事演习中，美国使用E-3A预警机进行复杂的空中监控和指挥，在50分钟内，E-3控制着135架战斗机，同对方的274架战斗机进行自由空战，结果取得了令人震惊的结果：在战斗机性能接近的情况下，在飞行员技术差距不大的情况下，拥有E-3预警机指挥监控的一方，竟然击败了两倍于己方飞机的敌人，战果显著。据美国估计，北美防空联合司令部在装备了E-3A预警机后，可以使其防空截击机数量从530架减少到200架，大大节约了成本同时还可以大大减轻对海外基地的依赖性。相反，如果没有E-3A预警机，美国则需要增加在空中待机的战斗机数量，增加飞机的巡逻时间，这样就会消耗巨大的人力和财力，且效率和范围反倒不及E-3A预警机。可见，从长远来看，看似昂贵的E-3A预警机却也是一台省钱的神器了。

随着E-3A预警机的批量投入使用，E-3系列被主要部署到了北太平洋、北欧和北美等主要战略目标上，以组成平战结合的全球预警网络。这个预警机网络分为

三线部署：第一线是远程警戒线，第二线是近程警戒线，这两个线都配备了地面的雷达站，而第三线则是空中警戒线，它沿着美国的东部和西部海岸各设置的一道预警飞机防控区，统一由联合空中司令部指挥，它们和海军的E-2预警机一起担负着对空监视任务，防止敌机从海上进入美国本土。同时，美国还将E-3预警机交付给空军的第522预警机联队，其下辖5个预警机中队，用于驻扎在美国的海外军事基地中。

为了让E-3预警机在今天的现代化战争中继续发挥核心作用，美国耗费巨资对E-3预警机进行了反复的技术升级。其中，第一次升级耗资10.33亿美元，最主要的改进是使机载雷达具有了海上监视能力。第二次的改进计划是E-3B改进计划，这一计划在2001年完成。它是美国自E-3服役以来最大规模的改进，最终使E-3各系统的信息传输速度提高了4倍，并能传输更加多样化的信息。此外，E-3预警机还配备了增大5倍容量的CC-2E电脑，加装了彩色屏幕的新式高解析度显控台等。第三次对E-3预警机的改进工作，主要包括提高电子战能力、加装全球定位系统接收机，提高导航精度等。据估计，改进之后的E-3预警机有可能一直服役到2025年。

美国经过数十年的努力，将E-3预警机打造成了世界上技术最先进的战役预警和战术指挥中心。这相当于将一个地面作战指挥中心搬到了天空中，形成了一个高度机动灵活的空中指挥中心。未来，美国还将为E-3预警机增加CEC联合接战模块和网络节点设备，使它成为联合战役下的核心。可见，这架飞机无疑是现代航空学和电子科学相结合的高超成就。

2.6 联合作战的天空之星：E-8 "联合星"

上文提到了许多预警机，但大都是以对空警戒指挥空战为目标的预警机。其实，世界上还有一款预警机，它并非以对空警戒和指挥空战为目标，而是以对地探测和侦察为第一要务，这个独特的预警机就是美国的又一力作——E-8"联合星"预警机。

要说E-8预警机为什么会如此独特，我们就不得不提一提美国的联合作战概念。在冷战的高潮时期，苏联以核军备为主，以核战争为准备，建设了一套核常兼备的军事力量。这支军事力量围绕着对美国实施大规模核打击的目标为中心，构建了远洋核海军和强大的战略火箭军，战术核武器配备则在第一线的军舰、飞机手中。苏联军队具备了在极短的时间内，以核武器开路，横扫欧洲，打击美国的实力。然而核武器终究有其明显的边际效应，美国人猛然发现，如果在苏联扩大核军备的同时，自己也不断地扩大核军备，那么并不能在当前形势下阻挡苏联的攻势，因为你朝一个地方发射1枚核弹和发射10枚核弹，实际上差别并不是那么明显，极力地扩充核军备，并不能形成相对苏联的军事战略优势。那么怎么样才能抵消这一状况呢？

于是，就在苏联还在核军备的大潮中奋勇前行时，美国则率先转身，开展了以常规军事科技，以现代化信息化战争、精确化打击武器为主要研发方向的"第二次抵消战略"。该战略旨在依靠美国相对苏联在信息化、电子设备等领域的优势，在指挥通信、数字化控制、先进火控设备、精准遥感飞行器方面展开大力的研究，加强了美军战场设备部署的灵活性和火力打击的精确性，

知识链接

边际效应：单纯提高数量，带来的能力提升到达的极限。比如，用5枚导弹或10枚导弹打1艘军舰的效果是一样的，都是击沉。此时，多出来的5枚导弹就是低效的，是军事大忌。

提高了火力的打击效率，利用常规精确制导武器，做到既"看得远"，又"打得准"。"第二次抵消战略"可以说是一个联合作战的战略，毕竟远程精确制导武器的大规模应用，本身就是三军联合才

冷战时期，核阴云笼罩着整个世界

能达到的效果，虽然单独一个军种也可以实施精确作战，但是如果想要发挥出"发现即摧毁"的能力，还是要三军联合。就在前些年，"发现即摧毁"还是一个相当时髦的名词，代表了军事科技的最前沿，也被称为"猎—歼"能力、"察打一体"。现如今，时过境迁，恍然回头看，这竟然也成了一个时代的名词，不禁让人感慨科技发展的日新月异。

"战斧"式巡航导弹是"精确制导"时代的标志性产物

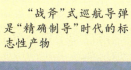

由于"第二次抵消战略"本身带有显著的军事科技大变革色彩，因此正如机械化时代的开端是大规模机械化集群的编成改革一样，"第二次抵消战略"本身也带来了军事体制的大变革。军事体制的大变革，使得美国在成功实施"第二次抵消战略"时具备了一个良好的基础。这个变革导致美军进入联合作战时期，这一时期有一个显著的标志，

就是《戈德华特—尼科尔斯国防部改组法案》（以下简称《戈案》）的提出。《戈案》是美军历时40余年联合作战指挥体制改革的最终成果。在美军历史上，三个军种的分立对于发展军事能力、提高资源分配效率起到了重要作用，也有利于力量的分散和平衡，这符合美国防范集权的政治传统。但是，这种三军分立的体制也有消极的一面，即各军种为了自身的利益各自为政、相互争斗，有碍于整体联合作战能力的形成，随着时间的推移，对战争和军事行动产生了越来越多的负面影响。

第二次世界大战中，由于军种之争，美军在太平洋地区分成了太平洋战区和西南太平洋战区两大区域，前者由海军上将尼米兹指挥，后者由陆军上将麦克阿瑟指挥，由于总统也无法协调陆军和海军的行动，结果导致兵力分散，指挥不统一，在作战时造成军队较大的伤亡和损失。1983年10月23日，美军入侵格林纳达，几大军种都想插手，使得美军制订的作战计划不得不做出妥协，以便让所有军种都能露脸，并且各自发挥重大作用。但是行动中由于军种之间通信不畅，相互缺乏配合，造成了100余人的伤亡。这些军事行动充分证明了美军缺少策划和实施联合行动的能力。改革派则利用这些事件攻击现有的体制有损美国国家安全，要求放弃狭隘的军种主义，增强联合作战能力，以赢得战争和军事行动的胜利，这恰恰击中了保守派的软肋，改革派逐渐争取到了更多的重要人物加入到己方阵营中。

1986年3月6日，美国参议院武装委员会对改革议案进行了投票表决，以19比0的绝对优势获得了通过，这是决定性的一击，尽管总统可能否决这个议案。不过鉴于国会可以得到足够的票数来推翻总统的否决，因此这个议案一经出炉就已经生效了。10月1日，《戈案》由里根总统签署生效，改革派赢得了最终的胜利，从此美国进入了全新的三军联合作战时期。

《戈案》不仅在顶层设计上有重大作用，以此为基石，美军发行了第0~6号联合出版物，分别是《统一行动的武装部队》《美国武装部队的联合作战》《国防部军事与相关术语辞典》《联合报告结构综合说明》《作战情报支援条令》《联合作战条令》《联合作战后勤支援条令》《机动系统政策、程序及需要考虑的事项》《联合作战计划条令》《联合作战计划与实施系统》《联合作战C4系统支援条令》，这些联合出版物为未来的美军联合作战制定了详细的准则和条令，使得联合作战成为一个具体而现实的作战理论，而不仅仅是存在于指挥官的脑海之中。

对于空中力量，美军要求：联合空中作战是在联合作战的大环境下，由各军种作战力量共同实施的一种统一、协调一致的行动。首先，为了使联合空中作战和其他作战行动融为一体，联合空中作战的目的要服从和服

参联会权力的扩大是《戈案》的一大结果，也是美国联合作战概念成形的关键一步，图为美国参联会徽章

务于整个联合部队司令部的总体战役目的，其作战计划和行动也应该以实现总体战役企图为前提。其次，联合空中部队的司令及其参谋机构，制订的作战相关计划和采取的各种协调与控制措施，都需要确保联合作战本身的战役系列统一。此外，美军联合空中部队司令还需对各军种的空中部队进行作战行动的合理安排，各军种空中部队也必须严格遵守联合空中部队司令及其参谋机构制订的计划，最终达成空中作战和其他作战行动的统一。

在此基础上，美国陆军构建了空中突击战役理论，成立了空中突击部队，而美国空军也适时伸出橄榄枝，和陆军通力合作。在确立了联合作战的基本作战概念后，美国空军和陆军建立了联合项目办公室，开启了针对

华约的"空地一体战"战略，在这一战略的倡导下，美国空军和陆军开始紧密合作，一起研发武器装备。

彼时，苏联陆军独步全球，欧洲各国都笼罩在红色铁流之下，苏联更是大胆地提出："一周就能从东德（民主德国，现在已经和西德合并为联邦德国，冷战时期，东德属于苏联的同盟国家）边境推进到大西洋的沿岸"，并且为之设计了周密的作战计划。欧洲各国此时正在眼巴巴地看着美国的脸色，他们将美国视为"救世主"，认为美国将会凭借其强大的军事力量，特别是海空军的优势，来阻挡苏联人的攻势。美国陆军也部署在西德的边境，时刻准备抗击华约方面的军事打击。在那个年代，北约的陆军不敢和华约国家争锋，无论是体系建设还是武备细化程度都远远不如华约国家。于是，北约面对这样的军事压力，创造性地提出了新的抗击战法。新战法要求：北约仅仅在前线地区部署少量的观察站和雷达站，进行实时的探测和预警，并且不开展前线阵地上的永备工事建设，毕竟在前线部署再多的兵力，也会在苏联的"铁骑"下崩溃；另一个要点就是要将重装部队和主力集群部署在前线后方纵深50千米左右的地方，提高生存能力，以免遭受华约第一波攻势的打击，同时时刻准备执行反冲击任务。一旦出现华约国家

联合作战理论是促成"第二次抵消战略"成功的重大因素

进攻的迹象，美国在空中巡逻的预警机和侦察机就会迅速把消息送达到后方重兵集团。随后，北约的重装部队会迅速冲击刚刚进攻到位的华约军队，趁其已经展开进攻队形、来不及收缩防御之时，就以迅雷不及掩耳之势将其赶回。这种陆地上抗击进攻的战术经过不断发展，后来还增加了更多的新作战思想和武器装备，比如在苏军进攻中，美军将会依靠空军优势，在苏军进攻线上展开战场遮断作战，依靠强大的航空突击火力，击垮在地面占据优势的苏联军队，建立一道难以逾越的"火网"，这将是对苏联陆军装甲部队最大的威胁。同时，还会将重炮部署在后方，等到苏军进攻到前线阵地的时候，重炮火力就会对作战前线进行火力覆盖。

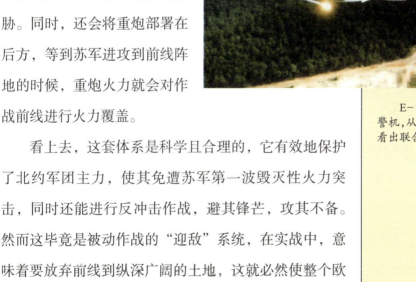

E-8"联合星"预警机，从它的名字就能看出联合作战的意图

看上去，这套体系是科学且合理的，它有效地保护了北约军团主力，使其免遭苏军第一波毁灭性火力突击，同时还能进行反冲击作战，避其锋芒，攻其不备。然而这毕竟是被动作战的"迎敌"系统，在实战中，意味着要放弃前线到纵深广阔的土地，这就必然使整个欧洲仍然不能避免被战火摧残的命运。怎么办呢？怎样才能化被动为主动？如果要预先知道华约军队集结的动向和战役企图，就务必要有足够先进的预警和控制系统，才能在对方进行军事准备的同时，随时应变，随时可以

主动出击。

　　虽然美国拥有世界上最强大的空中力量，但是这些空中作战力量分散在不同的军种，它们在装备、任务、作战理论和作战方式等方面，既各有特色，又相互关联，既各有不足，又各有优长。例如，美国空军是唯一拥有隐形空中攻击力量的军种。该军种装备的机载预警与控制系统（主力为E-3"望楼"预警机）、E-8"联合星"联合监视与目标攻击雷达系统和机载战场指挥与控制中心（也就是EC-130指挥机）等，又使其成了唯一拥有战区范围内空中指挥和控制能力的空中力量，同时，空军还拥有强大的空中加油能力。美国海军则是唯一能够在海区发射巡航导弹的军种。海军和陆战队装备的EA-6B电子攻击机则可以同时对敌防空系统实施"软""硬"压制，陆军则在直升机的种类和规模上占据优势。

　　在海湾战争和科索沃战争中美国海军的作战飞机严重依赖空军的预警机和加油机，美军的战略空袭和夺取制空权行动也不能缺少海军的"战斧"巡航导弹，美国陆军的直升机在"沙漠风暴"行动的初期也发挥了独特的作用。综观全局，在无法将所有空中力量集中在一个军种的情况下，只有实施联合空中作战，美军才能合理运用这些来自不同单位的空中力量，充分发挥各部队的特长，形成整体合力。

　　美军认为，空中作战可以有效地减少作战伤亡。美国的军事战略制定者们在决定运用军事力量时，必须采取措施降低军事行动的风险，力争减少伤亡，避免重大伤亡。而美军的空中力量具有远程快速机动的能力、精确打击的能力、强大的摧毁力和自我的保障能力，可以在损失很小的情况下独自完成作战任务，能够满足避免重大伤亡的要求。在"黄金峡谷"行动中，美空中部队共出动11.2万架次，只损失了38架飞机；在"沙漠之狐"作战行动中，美英空中部队作战70多小时，出动飞机600多架次，却未出现战斗伤亡；在科索沃战争中，美军出动飞机3.8万架次，只损失了两架飞机，无人员伤亡。空中作战的安全性和有效性由此可见一斑。

同时，以往的经验教训也使得美军清楚地认识到对多军种空中力量进

E-8"联合星"预警机在中低空区域飞行

行集中指挥控制的重要性，这更加坚定了美军实施联合空中作战的策略决心。二战以来，在几次较大规模的战争中，美军都有多个军种的空中力量参战，结果却不尽相同。在第二次世界大战、海湾战争和科索沃战争中，美国均取得了重大胜利。这三次战争有一个共同的特点，即美军对各个军种的空中力量实施集中控制。联合空中作战是主要空中作战方式。但是，在越南战争中，美军空中作战的联合程度却不高，这也成为其惨败的原因之一。这间接地促成了在20世纪80年代末美国国会通过了联合作战的圣经——《戈德华特—尼科尔斯国防部改组法案》，从此开启了美国军事发展的新纪元。

1982年，负责国防研究和工程的美国国防部副部长提出，将陆军的"远距离目标捕捉系统"和空军的"铺路移动者"系统研发项目进行合并，美国陆军和空军就此联合提出了研发项目：JSTARS（空军和陆军联合监视目标攻击雷达系统）。JSTARS项目最初是由美国

的空军为主导进行研发的，曾经提出过三个载机平台方案，包括OV-10、TE-1和波音707三种平台。最终美国军方选择了波音707-300客机作为E-8项目的载机平台，原因是其机体空间较大，续航时间长，航程较长。改造后的波音-707-300载机的机长为46.6米，飞机高12.9米，相当于三层楼房的高度，飞机的翼展达到了44.4米，相当于一条双向八车道公路的宽度，飞机的机翼面积达到了268.6平方米，它的最大起飞重量为152.4吨，飞机可以以0.84马赫的速度巡航飞行，飞行的高度是12600米，在巡航速度下，续航时间为11个小时，可以搭载70吨的燃油。波音707飞机内部空间巨大，可以容纳更多的机组成员，包括4名驾驶员和15~25名技术人员或专家。E-8预警机的AN/APY-3雷达就安装在飞机前机身下部一个12米长的独木舟形的雷达天线罩中。E-8预警机的整个联合监视目标和攻击雷达系统，主要由载机、机载设备和地面站系统构成。每一架载机的造价为2700万美元（20世纪90年代币值）。

E-8预警机的主要承包商是诺斯罗普·格鲁曼公司，该公司有着深厚的预警机研发历史。鉴于E-8预警机独特的作战设想和技术需求，美军要求E-8预警机能够具备进行实时的广阔区域监视和针对远程目标的攻击指挥能力，以便及时提供战况进展和目标变化的迹象和警报。为此，美国为这架飞机研发了新的预警雷达，它就

E-8预警机，可见其特有的机腹矩形雷达天线阵列

是AN/APY-3预警搜索雷达。这款雷达的研制从1984年开始，主要硬件由诺斯罗普公司收购的Norden SystemsDiv公司提供。该雷达属于一种侧视型的相控阵雷达，它有多种工作方式。当载机飞行在10000米的高空时，雷达能够探测到250千米距离以内的50000平方千米的地面区域，这一能力在对地探测预警机中，属于顶尖水平，毕竟地表的雷达杂波极其强烈，地面探测远比低空探测难，如果说低空探测是面对着手电筒探测空中的目标，那么地面探测就是面对着手电筒，用眼睛盯着光源探测其表面细微的信息。这对于探测器而言无疑是一种挑战。

AN/APY-3雷达的重量约为1.9吨，这在机载雷达中属于"巨无霸"级别了。雷达大了，功能自然就多。AN/APY-3雷达有大范围监视（WAS）、动目标指示（MTI）、合成孔径/固定目标指示（SAR/FTI）、低反射率指示（LFI）、目标分类和扇区搜索（SS）等几种工作模式。动目标指示模式又可分为广域与区域监控两种模式。在广域监控模式下，AN/APY-3雷达可以覆盖面积为十多万平方千米的地区，还可依据目标速度的差异，将目标区域中的活动目标搜索出来，并在此范围内仔细跟踪每一个活动目标，算出其所探测的部队兵力的多寡。这一模式的最主要用途在于提供攻击兵力瞄准之用。作战过程中，它可将瞄准区的探测数据传递给空中及地面友军，友军可依靠它的帮助精确迅速地进入攻击发起位置。而在攻击过程中，又可源源不断地接收目标区的雷达影像及火控诸元，以调整攻击部署，进一步发动攻势。合成孔径雷达用以显示标定静态的固定目标，可对目标区产生地形、地貌、地物的俯瞰影像，品质可以和高清晰度的照片媲美。对事前侦察获得的合成孔径雷达影像，除了组成广域地图资料外，还能作为其他友军单位电子地图使用。这些工作模式可以交替进行，在控制台系统中还能进行高分辨率动目标显示和逆合成孔径目标识别。由于雷达天线安装在飞机的腹部，因此E-8预警机可以对飞机两侧垂直方向各120°的区域进行探测搜索。

AN/APY-3雷达属于一维相控阵雷达，由3段子阵列组成，其天线的长度为7.32米，高0.61米，采取机械方式进行俯仰控制，在方位扫描上采用电子相扫。这款雷达包括了天线、发射机、接收机A/D、激励器、脉冲压缩部件、专用处理机、天线伺服电子部件、雷达控制部件、混合装置（电源管理）等几个组成部分，另外的信号编程和处理工作台不计入雷达单元。

该雷达的3段天线所接收的目标信号可以进行相关处理，同时可以从雷达主/副瓣的杂波中，依靠偏置相位中心技术分辨出模糊信号，同时可以精确地确定目标的位置。这部雷达的所有探测数据，都是在飞机上进行实时处理的，大大简化了全系统的复杂程度。它以两种方式将信号显示在飞机的显示器上：一种是动目标显示，而另外一种是合成孔径图像。动目标显示是实时产生的，而合成孔径图像则还需要进行几秒钟时间的整合。这两种数据都可以通过数据链传递给地面指挥中心，在飞机上，雷达对目标的跟踪是通过将几次扫描的动目标显示报告进行综合而建立起来的，处理这些信号需要专业雷达操作人员。波音707载机的座舱内设置了17个操作员工作站和一个领航员工作站，构成了JSTARS

E-8的雷达和传感器多位于飞机腹部位，因此从其上空俯视，它和一架客机没有区别

的操作和控制子系统。这个子系统可以由一个实时的，以VAX计算机为基础的分布式处理器组管理。

分布式处理器属于一个较新的概念。在电脑的诞生初期，它强大的运算和处理信息的能力就被军队看中，广泛地应用在军事领域。起

先，电脑被当成是一种综合处理设备，用来集成一个武器系统中的所有操作和软件，同时还需要处理大量的作战信息，这种集成化的处理系统带来了武器装备操作的自动化和高效化，对于升级作战能力意义重大。然而在马岛战争中，英国海军的驱逐舰"谢菲尔德号"被一枚反舰导弹命中了战情中心，集成化的处理器电脑和军舰其他系统以及与其他军舰的所有链接都被切断了，全舰陷入了瘫痪，而后就被击沉了。此战后，分布式处理器系统的方案被提出来，其主要功能是采用多部电脑计算机组，来分别处理和指挥武器的各个子系统，以保障在一个武器的某个子功能被摧毁之后，不影响其他部分的正常作战，同时，分布式的电脑处理器，还可以降低中央计算机的处理压力，加快处理速度，使其在瞬息万变的战场上具有更大的优势。分布式处理器的概念产生后，再一次得到了军方的广泛认可，成为目前世界上的主流。作为诞生在

20世纪80年代的E-8预警机，就能够采用这一概念确实是让人惊讶。上述18个工作站组成了一个具有强大的存储、处理和计算能力的操作控制单位。除此之外，E-8预警机还有一个数据重放和事后分析的数据记录系统，雷达的图像和目标的数据都可以和数字化的存储地图数据、地形特征与其他战术信息同时显示出来，该系统使用多达14个数据库，可以提供完善详细的战情信息。

上文提到，E-8预警机对于地面站系统的依赖比其他预警机要低很多，但其实地面站也是其整个系统的一个组成部分。其地面站系统部分被命名为TSQ-168系统，它由车辆、AYK-14计算机、80 MB磁盘存储单元和磁带单元、综合指挥站等组成。这个系统主要作为机载战场警戒系统和战场管理指挥与控制系统使用，美国空军还考虑过想要扩大其应用范围，使它在对地、对海任务中发挥更为广泛的作用。E-8预警机和地面站的通信方式包括：抗干扰的数字化数据链和监视与控制数据链（SCDL）、JTIDS、HF/VHF/UHF保密/非保密语音通信等。E-8系统的地面站可以移动，它们可以装载在C-130、C-141、C-17和C-5等运输机或者CH-47D"支奴干"、CH-53"海上种马"等直升机上运输，也可以在海上船只中运输，地面站有6

正在起飞的E-8预警机，由于其载机的底子是客机，因此对于机场的要求很高，一般的野战机场难以起降这种飞机

名操作人员，可以全天24小时不间断地运转。

有了E-3预警机研发的成功经验，E-8预警机项目进展很快，在1985年9月，诺斯罗普·格鲁曼公司就收获了价值为6.57亿美元的机载单元合同；1988年，装备了AN/APY-3预警雷达的E-8A预警机进行了首飞。两年后，在冷战的最后一年，E-8A预警机飞赴欧洲进行测试验证，以便根据其未来的主要战场环境对其进行改进。1991年，还未设计定型的E-8A预警机飞赴海湾战场，竟发挥了巨大的作用，它多次被用于指挥美军摧毁伊拉克地面部队。在海湾战争期间，E-8A预警机共飞行出击49次，总计500多个飞行小时。E-8A预警机在战争中战功显赫，发挥出关键的节点作用，虽然只有两架测试飞机参战，但是它们能够保证随时至少有一架在空监视伊拉克陆军动态，在美国陆军与海军陆战队战斗直升机的密切配合下，伊拉克陆军的装甲车队不断遭遇夹击而损失惨重。在阿尔卡夫吉战役中，E-8A预警机曾在夜间发现一小股伊拉克陆军装甲车队之后，实施了跟踪，并将数据发回指挥中心。联军即直接部署攻击，发动了突然的空中攻势，使伊军措手不及，溃不成军，之后伊军精锐的装甲部队再也不敢轻举妄动。另外，E-8A预警机还担负起寻找伊军

导弹机动发射阵地的任务，一旦发现可疑目标，E-8A预警机就将目标区影像传给空中待命的F-15E多用途战斗机，并引导F-15E准确发起攻击，有效压制了伊军导弹。1992年3月，格鲁曼公司又获得了价值为1.25亿美元的E-8预警机生产启动合同。1995年，格鲁曼公司制造出第3架E-8预警机测试飞机，同时开始交付软件支持机构（SSF），1995年后，E-8A预警机参与了欧洲南部的多次作战和维和行动，出击130余架次、约1500飞行小时。在南斯拉夫战役中，它指挥美国空军飞机摧毁了南斯拉夫空军85%的米格-29战机，这些飞机都是在地面掩体中被击毁，更加彰显出预警机的效能。

目前E-8预警机已经由试验性的A型发展到了C型。实际上A型是原型机，C型才是真正的第一种批量生产型号。1996年，E-8C量产型预警机交付了第一架，而截至目前，一共有17架E-8"联合星"在美国军队服役。在此基础上，美国空军随时可以使10~12架E-8C预警机处于战备状态中。E-8C预警机虽然已经达到了一定的先进程度，但是美军对它的改进还没有停止。2005年12月，诺斯罗普·格鲁曼公司（以下简称诺·格公司）宣布，它获得美空军一份价值5.32亿美元的5年期合同，内容是对E-8C预警机进行改进，使之能适应未来作战环境。按此合同，诺·格公司将提高E-8C预警机上AN/APY-7相控阵雷达的性能，使之能对目标进行更精确的跟踪，并具有更高的图像分辨率。这个改进将同时涉及该雷达的软、硬件。诺·格公司还将提高该机的战场管理能力，并为整个E-8C预警机机队装备与美陆军的"21世纪旅及旅以下部队作战指挥系统"的接口及"机载网络过渡能力"。

美军"21世纪旅及旅以下部队作战指挥系统"在伊拉克战争中首次投入实战，主要为旅和旅以下部队乃至单个平台、单兵，提供运动中实时和近实时的指挥控制信息、态势感知信息，为指挥官、小分队和单兵显示敌我位置，在收发作战命令和作战数据、进行目标识别等方面起到了非常积极的作用，极大地提高了作战指挥效能。改进后的E-8预警机的运算速度可以达到每秒执行1.5亿个指令，这使单架E-8C预警机的计算能力甚至要强于美国空军整个E-3预警机机队的计算能力。

然而先进强大的E-8"联合星"，在10年前最后一架交付后就已经略显像一根鸡肋了。科技发展的速度是惊人的，随着大型主动相控阵雷达的广泛使用，以及更强大、迅捷的综合传感器系统的建立，类似于E-8"联合星"这样各种任务样样精通的"冷战恐龙"越来越失去了发展的空间。从现在来看它的对地和低空探测能力，完全可以交由小型化的无人侦察机平台承担，这样不仅降低了整个监视系统的价格，还提升了整个监视系统的生存力和信息的获取与传递效率。而它的指挥能力，则完全可以整合在地面的指挥中心之中。对于E-8"联合星"而言，它仍然是先进的武器系统，但是对于整个战场而言，它那老式且庞大的波音-707机身，早已经不再适合现代战争的要求，也许在下一个10年，我们就再也看不见这款飞机了。E-8"联合星"的主要作战对手苏联早已经解体，没有了目标的E-8预警机，还

E-8预警机的未来就像是这张照片一样，阴云密布。它那庞大的机体和消失的对手，都会是导致它最终消亡的原因

　第2章 解密世界著名预警机

能飞行多久呢?

2.7 俄罗斯的闪耀红星：A-50预警机

看罢了来自太平洋东岸的美国制造的三款预警机后，军迷朋友们可能已经对西方的军事科技感到惊讶无比了。然而世界上还有很多国家也同样拥有先进的预警机，如中国和俄罗斯。

在俄罗斯，有一种预警机，它身材壮硕魁梧，飞起来犹如鲲鹏展翅一般，它有一扇高举的垂尾，尾翼上镶嵌着一颗闪闪的红星，每当人们看见这架飞机，都会投以钦佩的目光。它的身上凝聚了苏联和俄罗斯两代军事科研人员的心血，历经数十载的研发制造历程，如今它也成为世界大型预警机家族里不可忽视的成员，它就是俄罗斯的"支柱"——A-50预警机。

通过上文我们知道，预警机都分为载机和雷达设备两个大的独立系统，A-50"支柱"预警机的载机是大名鼎鼎的伊尔-76运输机。这款运输机可谓是世界航空史上的一个传奇，它服务两个大国，并被改造为3款大型的战役预警机，包括俄罗斯的A-50、我国的空警-2000、印度的A-50I。除此以外，这款运输机还被改造为伊尔-78加油机等特种飞机，应用广泛，潜力巨大。它诞生几十年来兢兢业业，迄今为止仍然是世界运输机市场上最受欢迎的型号。

伊尔-76运输机由苏联的伊留申设计局研发。正如美国人每次打仗都要问"我们的航母在哪里"一样，苏联作为世界上的另外一个超级大国，他们每一次打仗都是问"我们的空降兵在哪里"，由此可见苏联对于军用运输机的重视程度。回到1966年6月28日，苏联航空工业部正式授权伊留申设计局研发重型喷气式运输机项目，并要求他们联合位于茹科夫斯基的中央空气流体动力研究院共同开发。两家世界著名的航空设计局联手在半年之内就完成了技术方案。方案中，特别考虑了翼型的选择，以适应喷气机。方案得到伊留申的认可后，于1967年2月25日正式提交给了苏联航空工业部。

俄罗斯空军的A-50"支柱"预警机，灰黑色的涂装在以白色调为主的预警机家族中相当罕见，也算是俄罗斯的"特色"了

按照苏共中央和苏联部长会议的要求，伊尔-76运输机应该在1969年第四季度开始飞行试验。这一年的11月27日，经反复修改设计的大型喷气式运输机设计完成。苏共中央和部长会议联合下发决议，同意制造新式军用运输机，项目总负责人为伊留申。1970年7月28日，诺沃日洛夫接任设计局总设计师，前总设计师伊留申因癌症退休。

伊留申是著名的航空专家，他和卡莫夫、图波列夫等人齐名，是苏联航空工业爆发式发展的大功臣，他最终因病倒在了工作岗位上，其航空报国的精神至今令人感慨。1894年3月31日，伊留申出生于沃洛格达省季利亚廖沃村的一个贫农家

阅兵式上的A-50预警机，它是俄罗斯最先进的预警机

庭，12岁时读完了乡村小学。1910年他只身来到彼得堡的一家印染厂干杂活，后来，彼得堡兴建机场，他又到机场当了建筑工人。也是从那时起，伊留申对航空产生了兴趣。1914年，伊留申被征入沙俄军队，分配到彼得堡机场担任发动机机械员。不久，他又被送入航校学习，于1917年毕业，并成为一名飞行员。在1918年，他复员回到沃洛格达市工作，同年又到了索弗纳尔霍兹，在那里加入了苏联共产党。1931年，伊留申被调到中央飞机设计局担任局长，正式开始了他的飞机设计工作。

1933年，伊留申主持组建了独立的飞机设计局，并担任总设计师。该局主要从事轰炸机、强击机和大型旅客机的设计。1943年，伊留申主持设计局开始了旅客机的设计工作。1946年，第一架旅客机伊尔-12试制成功，世界上先后有20多个国家购买了这种飞机。

1967年9月15日，新的大型旅客机伊尔-62投入国际航线，这是伊留申最成功的设计成果之一，它可以与当时美国的波音707相媲美。然而岁月催人老，天妒英才。就在伊留申最为巅峰的年代，就在伊尔-76大型运输机研发成功的那一年，伊留申因身患癌症，倒在了工作岗位上。由于身体欠佳，伊留申把设计局的领导工作交给了他的学生诺沃日洛夫。伊留申于1977年2月9日在莫斯科逝世，享年83岁。正是因为有了伊留申这样的人才，苏联才得以在世界大型运输机领域占据重要的一席。

伊尔-76的组装工作于1971年初完成，机身编号为CCCP-86712。为了试飞，这架样机被拖到了莫斯科中央机场，这里距离克里姆林宫只有6千米远，第一架原型机就要在首都上空飞行，这给伊尔-76团队带来了一定的压力，不过，多台发动机的运输机还是很安全的。

1971年3月25日，伊尔-76从机场起飞，20分钟后降落在格罗莫夫试飞院的机场上，这次试飞的机长库兹涅佐夫是一位传奇性的试飞员，他当时还保留着斯大林时代就被授予的航空工程中将军衔。

苏共机关报发文称：在苏共二十四大即将召开之际，莫斯科的天空飞过了一架崭新的飞机，它就是伊尔-76大型军用运输机。伊尔-76的总设计师诺沃日洛夫作为代表参加了这届大会，并在会上向苏共中央做了工作汇报，回忆起自己的老师伊留申时，

诺沃日洛夫老泪纵横。谁曾想到，1991年苏联解体了，承载着苏维埃光辉的重型运输机从此没落，新的继承者俄罗斯在此之后从未研发成功过任何一款新型的大型运输机，苏联的航空光荣止步于此。

其实，早先苏联的预警机载机平台都是使用图波列夫设计局的飞机，然而在1969年的8月7日，苏联军事工业委员会却决定将A-50"支柱"预警机的载机授予伊留申设计局研发。相比于图-95轰炸机，伊尔-76运输机有着速度快、空间大、装载吨位大、航程远和产量大的优势。伊尔-76运输机机长46.59米，高14.76米，翼展达到了50.50米，比E-8预警机还要大许多。它的机翼面积达到了300平方米，最大起飞重量为190吨，动力使用四台D-30-KP-2发动机，巡航速度达到了760千米/小时，在巡航高度1万米时，它的最大航程能达到5500千米，最大的续航时间为12小时。改造为预警机平台后，机内可容纳15名乘员，包括5名驾驶人员和10名雷达操

作人员。

A-50"支柱"预警机也经常作为俄罗斯国家力量的展示，图为日本航空自卫队拍摄到的
A-50预警机

　　A-50"支柱"预警机的研发起始自20世纪70年代，它的出现与美国的E-3预警机有密切关系。由于世界预警机雷达技术进入了第二代的脉冲多普勒雷达时期，苏联也不愿意落后，故而以"大黄蜂"系统为核心，想要研发一款抗衡E-3的大型预警机。对于A-50预警机的资料，俄罗斯一向视为机密，很少公开，因此其他国家对于A-50预警机出现的时间也多有分歧，不过最早的记录是西方的情报部门在1983年获取的。那一年，苏联将一架伊尔-76运输机交给了别里耶夫设计局，该机很快就被改造成了第一架A-50预警机，西方给了这一突然出现的大家伙一个响亮的绰号："支柱"。随即，A-50预警机的首架原型机就在塔甘罗格机场完成了首飞，同年的10月份，A-50预警机的2号机和3号机也完成了首飞。由于试飞结果令人满意，因此苏联决定在1984年的12月开始批量生产A-50预警机，当时是交由第84契卡洛夫航空生产联合体制造，而苏联的空军和国土防空军则是从1985年开始接收A-50预警机服役的，A-50预警机的生

产一直持续到2001年，共制造了50余架这种预警机。

A-50预警机的雷达名为"大黄蜂"系统，它和美国的E-3A使用的AN/APY-1雷达有着很多相似之处，比如它们都采用了S波段的雷达发射机，都采用了脉冲多普勒(PD)雷达体制，都有29根平行开槽波导堆叠的平板雷达天线等。不过"大黄蜂"雷达的孔径更大，发射机的平均功率也够大，达到了20 kW。"大黄蜂"雷达没有采用相控阵体制，不论是方位扫描还是俯仰扫描都是采取机械方式，这一点与西方相比较为落后。由于俄罗斯的电子技术水平相对落后，"大黄蜂"雷达与美国研制的机载预警雷达相比而言，信号处理电路与数据处理计算机都还采用的是小规模集成电路，导致了其元件数量大、体积大、可靠性差，在一定程度上限制了其探测能力。

不过"大黄蜂"雷达也有它的独特优势，比如它抗有源和无源干扰的能力较强，在杂波中的探测性好，发射信号的相参性好等。A-50预警机在下视陆地背景上对低空小型战机的最大探测距离为230千米，最大的跟踪目标数为50个，可以同时处理300个目标，还能引导和指挥己方的10~30架战斗机作战。和美国E-3预警机动辄上千个目标的

地面展示中的A-50预警机，俄罗斯的预警机航电系统远比西方落后，体现出俄罗斯在电子科技方面的差距

处理能力相比，A-50处理能力简直是不堪一提。不过得益于较强的发射功率，"大黄蜂"雷达对于低空战斗机的探测距离可以达到300千米，而对于高空目标的探测距离更是高达650千米，这就在一定程度上弥补了后端处理能力的不足。由于伊尔-76运输机有一个巨大的垂尾，因此雷达在机尾方位有一个±22°的雷达探测盲区。

A-50预警机机内的布置相当拥挤，驾驶舱后面的前舱内左右两侧各有8个显控台，这8个显控台供1名任务指挥员、6名雷达操作员和1名工程师使用。A-50预警机没有搭载电子侦察系统，但是它有电子自卫系统，包括雷达告警分系统、X波段/C波段有源电子干扰机、干扰箔条和红外弹投射器等。在A-50预警机的机载显控台和控制席上安装了4台电脑、12个UHF和HF电台、雷达信号处理分系统、有源电子干扰分系统、低压电源机柜等，这些体积巨大的设备挤满了飞机的空间。A-50预警机的后舱不大，里面主要安装了雷达发射机、微波接收机和IFF询问机等设备，还有一套跟E-3预警机的TADIL-C相同的S波段定向发射引导数据链，并且它也和E-3预警机一样，将IFF询问机的天线装在雷达的天线上。

A-50"支柱"预警机服役后，首先组建了独立的第144航空团，他们驻扎在立陶宛的希奥利艾空军基地，后来该航空团调防到位于科拉半岛的别列佐夫卡空军基地，此基地一直使用到了1999年。此外，苏联还在亚洲部分军区和克里米亚半岛部署了部分A-50预警机，不过在苏联解体后，这些位于俄罗斯国土之外的独联体国家纷纷下达了逐客令，A-50预警机被全部集中调回到了莫斯科附近的伊万诺沃空军基地。

就在A-50"支柱"预警机交付使用之后，俄罗斯仍然没有放弃对其进行改进，由于该机的雷达和电子设备技术水平还不够高，计算机也只是数字—模拟混合模式的，因此其处理能力和处理速度都不是很理想，且对于假目标不好辨别。而且A-50预警机机舱设备较多，拥挤狭窄，油箱也

早期的 A-50 预警机

不能完全满油起飞，这就导致了飞机上没有供驾乘人员休息的区域，机舱为非气密式，因此在 10000 米的高空飞行中，乘员还需要戴着氧气面罩工作，机上的雷达和电子噪音较为严重，还伴有强烈的电磁辐射，在这样的条件下长时间工作对于飞行人员而言简直是一种折磨，因此多少影响了 A-50 预警机的作战效率。

鉴于以上种种问题，俄罗斯在 A-50 预警机服役之后首先为其更换了雷达后端处理电脑，改进后的雷达系统被称为 Shmel-2 雷达，这一款飞机被称为是 A-50M 预警机。新的雷达系统不仅能够在更远的距离上发现和跟踪数量更多的目标，且能够指挥数量更多的己方歼击机协同作战。此外还大幅度地升级了导航和电子对抗设备。同时，A-50M 预警机还更换了发动机，将 D-30-KP-2 发动机更换为 D-90 发动机（1987 年，该发动机被更名为 PS-90 发动机），新预警机的研发进度很快，在 1989 年就进行了试飞，然而随着苏联的解体，A-50M 预警机的研发也随之停止。

俄罗斯在 2008 年重新启动了 A-50M 预警机的研发，而且为其进一步更换了全新的数字化电子设备，改进了空中加油系统和电子战系统。于是，借助于当今世界电子科技的突飞猛进带来的好处，俄罗斯的 A-50M 预警机终于一改过去"傻大笨粗"的形象，变得先进且利索起来，成为一款先进的预警机，其首架 A-50M 预警机在 2011 年的 10 月 31 日交付俄军，第三架在 2012 年交付使用，但是目前他们还未形成足够的作战能力。

不过实际上，早在先进的 A-50M 预警机出现之前，苏联自己就改进出来一款 A-50U 型预警机，这是 20 世纪 80 年代末苏联推出的产品，它主要是作为 A-50M 的低端搭配机使用的，其造价和复杂程度相比 A-50M 都有所降低。A-50U 预警机采用了新型雷达和大功率的发射机，从而使得其对低空小型战机的探测距离由原来的 230 千米提升到了 350 千米以上，同时由于采用了模块化的设计，它的跟踪目标数和指挥飞机的数量相比于原型的 A-50 预警机有所提升，但是总体还是不如后来的 A-50M 预警机，新的 A-50U 预警机还在雷达信息处理上实现了数字化，因此机内的噪音也大大减轻，同时还计划给新飞机安装光学探测设备，提高了它的目标辨识能力。1990 年，A-50U 的木质样机被制造出来，1993 年改造出第一架 A-50U 预警机，然而由于苏联解体导致的经费不足原因，A-50U 最终停止了发展。

与旁边停放的其他飞机相比较，A-50 预警机的巨大体型可见一斑

不过，虽然结局并不好，但是A-50U预警机毕竟还是制造出了22架，它们都历经了实战的考验。在1991年的海湾战争中，两架俄军的A-50U预警机曾经轮流在黑海上空执行战备巡逻任务，搜集美军行动的情报。而在1994～2001年的两次车臣战争中，A-50U预警机更是直接参加了实战。它们对车臣地区进行监视，在3架A-50U预警机的支持下，俄罗斯空军在1994年12月21日夺取了整个地区的制空权。而A-50U预警机最为闪光的表现则是在1996年的4月23日凌晨4时，截获了车臣武装领导人杜达耶夫的卫星电话信号，并且在格洛纳斯卫星导航系统的帮助下，测出了杜达耶夫所在的位置。几分钟之后，在A-50U预警机的指挥下，俄罗斯空军飞机发射了两枚空对地导弹，准确命中杜达耶夫通话的小楼，将其当场炸死。

A-50预警机虽然受限于俄罗斯落后的电子设备技术，没有成为世界上最为一流的预警机，但是它却拥有世界上一流的载机平台。因此，A-50预警机仍然是国际市场上备受欢迎的产品，印度在购买了A-50预警机后，联合以色列对其电子设备进行了升级，加装了相控阵体制的"费尔康"预警搜索雷达，更换了飞机的后端处理设备，改进后成为世界上一流

由米格-31截击机伴航的A-50预警机，它们是俄罗斯国土防空的主力

的预警机。它的雷达为EL/M-2075型有源相控阵雷达，对于低空目标的探测距离为370千米，可以同时跟踪100个目标。此后，俄罗斯别里耶夫公司又研制出了A-50EI型预警机，它同样装备了以色列的雷达系统，并且换装了性能更强的PS-90A发动机，同时还增加了乘员休息区，使得机组人员增加为24名，包括5名驾驶人员和10名电子操作人员，以及9名轮换人员，由此彻底解决了A-50预警机不能长时间值勤的弊病，增加了飞机的作战效率。由此可见，经过改进后的A-50预警机的发展潜力是巨大的，这都得益于它优秀的载机平台伊尔-76运输机。

实际上，我国也曾经计划引进A-50预警机。在20世纪90年代末我国开启了预警机项目计划，当时就瞄准了俄罗斯的A-50预警机，和印度一样，我国也寄希望于引进A-50预警机，安装以色列的雷达和电子设备进行改进，然而受困于当时的国际环境，我国这一引进计划最终没有成功。不过苍天不负有心人，我国最终也依靠伊尔-76这一优秀的平台，研发出了属于我国自己的，世界一流的预警机——空警-2000，这不得不说是一种缘分。A-50预警机如今仍英武地翱翔在欧亚大陆上，虽然它曾经的祖国苏联已经不复存在，然而那镶嵌在机尾，烙印在机翼上的闪闪红星，依然放射出耀眼的光芒，不禁让人肃然起敬。

第3章 运筹帷幄：预警机的著名战例

3.1 贝卡谷地上空的鹰鸣

通过前面的详细介绍，相信大家已经对神奇的预警机有了一些了解，知道了它对军队对战争的重要作用！没错，预警机就是这么重要！我们无须再用更多的言语去描述它究竟是多重要，只要回顾一下预警机诞生以来的几次著名的实战战例，通过预警机在实际作战应用中的表现，我们就可以更加切实地体会到它在现代战争中的特殊地位了。

前文提到，英国由于裁剪了大型航母，导致了英国皇家海军没有舰载固定翼预警机可以使用，由此导致英国皇家海军在马岛战争中付出了惨痛的代价才艰难取胜。可见，没有预警机在高空的俯视，英国皇家海军对于阿根廷攻击机的低空突防简直是束手无策，这是没有预警机的典型例子。就在马岛战争爆发两个月之后，在中东地区的贝卡谷地，以色列空军和叙利亚空军进行了一场生死较量，这一仗打得昏天黑地，上百架各种作战飞机被击落，双方上演了一场由防空导弹、地面雷达站、喷气式战斗机、攻击机、侦察机、预警机参与的现代化空中大决战。而此战的最终结果恰恰

叙利亚陆军的 T-62 主战坦克在贝卡谷地作战

印证了预警机的关键性。现在让我们穿越时空，回到那个时代。

　　没有几个国家能够在建国第二天便遭到周围国家的武力入侵，并且从严峻的形势当中幸存下来，但以色列却是一个例外。1947年11月29日联合国181号决议要求结束英国对巴勒斯坦的托管，并将巴勒斯坦分为两个独立的国家：一个是犹太人国家，一个是阿拉伯人国家。有65万人口的犹太人勉强接受了分治决议，而有120万人口的阿拉伯人则彻底地拒绝了这个决议。1948年5月15日，以色列宣布建国的第二天，埃及的"喷火"战斗机便袭击了特拉维夫，在斯德多夫，几架以色列轻型飞机在地面上被击中，而一架埃及"喷火"战斗机也被以色列防空炮火击落。

　　在地面上，有四支阿拉伯正规军对以色列展开攻势：埃及军队在南部，约旦军队和伊拉克军队在中部，叙利亚军队在东北。埃及的"喷火"战斗机从位于阿里什的前进基地起飞执行空对空和空对地的作战任务，另有少量道格拉斯C-47运输机被改造成轰炸机使用。在北方，叙利亚出动了一个中队的北美T-6武装教练机，以大马士革为基地支援其军队，而伊拉克也有为数不多的几架阿弗罗"安森"轻型轰炸机被前置部署于约旦以支援伊拉克军队。

　　虽然这些空中力量并不强大，但却完全胜过了以色列的轻型飞机群，在战争的最初阶段，以色列空军在绝大部分情况下是在黑夜的掩护下行动的。以色列人只允许战机在白天进行真正特别紧急的飞行任务，与此同时，阿拉伯人的"安森"、C-47、"喷火"和T-6战机却能够自由自在地在以色列上空飞行，其空袭行动是卓有成效的。破坏最大的袭击发生在5月18日，埃及的C-47轰炸了特拉维夫中央公共汽车站，42人被炸死，另有100人受伤。面对惨痛的打击，以色列人明白了一个道理：在现代战争中，不能取得制空权，就只能任人宰割。以色列需要发展出强有力的空军来保卫新生的犹太人国家。此后，以色列采取亲近西方的政策，从美国和

萨姆-2防空导弹曾经是叙利亚军方的"撒手锏"，给以色列空军飞机构成了很大威胁

欧洲购入了大量先进战机，一举扭转了空中颓势，从此横行中东地区，无人能挡。

1982年6月6日，以色列在美国的支持下，借口其驻英国大使被巴勒斯坦游击队刺杀，出动了陆海空军共计10多万人，对黎巴嫩境内的巴勒斯坦解放组织游击队和叙利亚驻军发动了大规模的进攻。截至1982年6月11日，叙利亚和以色列达成停火协议之时，以色列军队已经占领了从贝鲁特到大马士革的国际公路以南2800平方千米的黎巴嫩国土。巴勒斯坦解放组织在这一地区苦心经营的基地被悉数摧毁，武装力量的主力也遭受重创。这次战争在世界战争史上被称为"第五次中东战争"。

第五次中东战争经过了三个作战阶段，而贝卡谷地的空战就是其中的一个重要阶段。1981年的4月，叙利亚军队和巴勒斯坦的武装力量同黎巴嫩的民兵组织发生了冲突，以色列趁机轰炸了叙利亚军队和巴勒斯坦武装力量的阵地，叙利亚军队则立即将从苏联购买的萨姆-6防空导弹运送进黎巴嫩的境内，并进行了大规模的军事部署。以色列声称要以武力将这些防空导弹阵地摧毁，引发了"叙以导弹危机"。后经多方斡旋，事态才得到平息，但是也为后来的贝卡谷地空战埋下了定时炸弹。

叙利亚军队在贝卡谷地部署了2个萨姆-2导弹连、2个萨姆-3导弹连和15个萨姆-6导弹连。其中萨姆-6为最新改进型，导弹上加装了微型计算机及可变波长的末端制导雷达坐标，导弹连的瞄准雷达已小型化，机电指挥仪改为了数字计算机，和过去的萨姆-6相比，抗干扰能力和精确度都有了显著升级。可见，叙利亚军队在贝卡谷地中部署的防空体系因其导弹化的特点，有较强的中、低空掩护能力。最近改进型的萨姆-6导弹是一种安装在履带式装甲车上的机动式防空导弹，每辆装甲车配备有3枚导弹，射程高达30千米，能够击中低于100米的低空目标。以色列军队对于萨姆-6导弹的特点一无所知，还用老办法去对付这种新型导弹。以色列为此付出了沉痛的代价，在战争里，他们被击落的109架飞机中，就有71架飞机是被萨姆-6导弹击落的，萨姆-6导弹因此名噪一时。

在吸取了教训，总结经验之后，以色列人决定发挥预警机的优势，对付叙利亚由防空导弹、地面雷达站、空军战斗机组成的现代化防空系统。他们在内格夫沙漠中配置了缴获的萨姆-6防空导弹，构建了一个类似于实战背景的演习场地。在演习中，以色列军队严格按照准

进入贝鲁特市区的以色列士兵

中东许多国家都装备了萨姆-6防空导弹

备好的作战预案，组织 E-2C "鹰眼" 预警机，协调 F-15、F-16、F-4、"幼狮" 等先进战斗机模拟攻击叙利亚设置在黎巴嫩境内的导弹阵地。他们反复操练演习并且不断根据演习状况去更改作战计划，使之更加完善和周密。经过了一年多的精心策划与操练，以色列做好了开战的准备。1982 年 6 月 6 日 11 时，以色列开启了代号为 "加利利和平行动" 的作战计划，出动了 11 个旅、2400 辆装甲车、1300 辆坦克、300 架各型飞机、70 艘军舰，一共 10 万多人的总兵力侵入到黎巴嫩境内，分别向贝鲁特、姆代莱、什陶拉三个方向进攻，自此，第五次中东战争全面爆发！

在地面进攻的同时，1982 年 6 月 9 日晨，以色列的军政要员们聚集在作战指挥中心，召开了一次秘密的会议。时任以色列国防部长沙龙在会议上提出了一个令人惊讶的建议：袭击驻扎在贝卡谷地的叙利亚萨姆导弹阵地。此举立即遭到了在场议员的反对，原因有两点：第一是以色列希望速战速决，并不想把叙利亚卷入这场战争中。如果攻击叙利亚，就会导致与叙利亚全面开战，引来麻烦；第二是因为叙利亚在贝卡谷地苦心经营的防空系统，不是那么容易就能攻击的。沙龙明白议员们并不知道军方为了袭击贝卡谷地究竟准备了多久，付出了多少努力和代价，所以他力辩群雄，在经过了5个小时的唇枪舌剑之后，沙龙终于赢得了时任以色列总理贝京和大多数议员的支持。随后，沙龙又收到了一个情报：叙利亚又向贝卡谷地增调了5个萨姆-6防空导弹连，使之在贝卡谷地部署的萨姆-6防空导弹连从14个增加到19个。这一情报预示着：叙利亚将主要作战力量部署在前线，证明叙利亚并没有准备要打一场持久的全面战争，他们只是在准备一次边境的局部防卫。这坚定了以色列发动攻击的决心。6月9日的早晨，以色列空军司令艾维最后一次修改了作战计划，将叙利亚刚刚部署到位的5个萨姆-6防空导弹阵地也纳入了袭击目标。

1982年6月9日中午，热烈的夏季风吹拂着地中海沿岸的沙漠，在热浪中，以色列艾齐翁空军基地一片繁忙。刚吃完午餐的飞行员们，还来不及午休片刻，便匆匆进入战斗机的座舱——他们收到了攻击指令，在焦急的等待中。

俄罗斯萨姆-6是一种比较先进的中近程防空导弹

地面指挥官下达了起飞命令，担负空中掩护任务的F-15和F-16战斗机率先升空，伴随着巨大的轰鸣声，A-4攻击机也相继滑出跑道，在空中编组进攻队形。随后，担负空中情报探

测和指挥任务的E-2C"鹰眼"预警机也腾空而起，这是以色列为了这场战役精心准备的"撒手锏"，今天，它就要亮剑了。

贝卡谷地的下午凉爽舒适，黎巴嫩老农正赶着自己的绵羊回到村落，准备喝一杯清凉的泉水。忽然，紧急战斗警报回响在整个谷地上空，叙利亚的军官和士兵们从午觉中惊醒，飞快地奔向各自的战斗岗位。叙利亚军官对己方的防空导弹阵地非常自信，他下令所有叙利亚飞机撤回基地，清空天空，等待着对手的出现。忽然，叙军的地面雷达站探测到了以色列的飞机信号，叙军指挥官下令发射导弹，早已预热完成的萨姆-6导弹一枚接着一枚射向了苍穹，伴随着轰鸣声，一架又一架的以色列飞机，在雷达站的信号显示屏上消失。叙利亚士兵们欢欣鼓舞，他们满心以为自己取得了胜利。然而，这些被击中的"飞机"，要么是以色列用作诱饵的无人机，要么是预警机发送的假目标信号，可以说，以色列动用了所有的手段去欺骗叙利亚的地面防空系统。而不断处于雷达开机状态和导弹发射状态的叙利亚雷达站和导弹阵地，则一个接一个地被暴露，他们大意了，等待他们的将是毁灭式的空袭。等叙军指挥官意识到急忙下令关闭雷

被叙利亚导弹击落的以色列飞机残骸，残骸上左下角可见以色列空军的"大卫之星"标志

达时，已经晚了。

萨姆-6导弹的制导雷达和叙军地面雷达站的信号都被在空中担任巡逻指挥的以色列E-2C预警机截获，这些信号在预警机上被处理，变成了一个个火力攻击目标点，E-2C预警机又将这些信号发送到了待命中的F-4"鬼怪"战斗机上，F-4战斗机接到情报后，沿着叙利亚萨姆-6导弹制导雷达的波束发射出"百舌鸟"反辐射导弹，这些导弹沿着叙利亚地面雷达的信号飞过去，准确地命中雷达发射机和天线，使之成为"瞎子"。预警机还将截获到的叙军导弹阵地位置报送到后方的以色列指挥中心里，以色列指挥部迅速指令其部署在贝卡谷地西南方向山脉脚下的"狼"式对地导弹开始发射，突击叙利亚军队的基地和防空导弹阵地。在这一波次的打击结束后，E-2C预警机又引导几十架F-16战斗机用精确制导炸弹和普通航弹轰炸叙利亚军队的防御阵地，它还不断地将攻击的效果和情况回传给以色列的指挥部，使以色列军官们足不出户就能了解到战场的实时情况，以进行下一步的决策。

仅短短的6分钟时间，叙利亚苦心经营多年的贝卡谷地防空系统就全面崩盘，预先部署的19个萨姆-6防空导弹连不复存在。逐渐回过神来的叙利亚空军不甘心就此放弃制空权，迅速派出了62架米格-21和米格-23战斗机拦截以色列战斗机，然而这些飞机刚一起飞，早已升空待命的以色列E-2C预警机就探测到了雷达信号，马上将叙利亚出击的战斗机信号发回后方，并且引导F-15和F-16战斗机前往迎敌，波音-707改装的电子干扰机也迅速升空，在叙利亚飞机可能来临的方向上构建起一道电子屏障，使进入该空域的叙利亚飞机纷纷和指挥部失去了联系，失去了战斗的能力，成为以色列飞机绝好的攻击对象。惨烈的空战开始了，上百架的超音速战斗机和无数的空空导弹来回穿梭，几乎撕碎了小小的贝卡谷地的天空。每当一架叙利亚飞机"咬住"以色列飞机的尾巴，E-2C预警机就会引导另外一架以色列飞机前往救援；而每当一架以色列飞机要攻击一架叙利亚飞机时，E-2C预警机又会将它探测到的目标轨迹和火控参数交给以色列战斗机，使以色列战斗机在空战中始终处于优势的地位。

E-2C预警机在第五次中东战争中发挥了重大作用，是改变地区局势平衡的重要武器装备

　　当天晚上，叙利亚又再次派出了4个萨姆-6导弹连和3个萨姆-8导弹连趁夜色进入了贝卡谷地，但是不幸的是，这次秘密的调度又被以色列的预警机探测到了，次日早晨以色列就派出92架战斗机对其进行了轰炸。反复遭到打击的叙利亚人忍无可忍，派出了52架战斗机迎战，然而以色列拥有的E-2C预警机，每一次都能准确无误的截获叙利亚人进攻的情报，确保以色列军队出击的主动性。在这次反复的拉锯空战中，叙以双方战斗机共出动500多架次，而成为人类喷气航空时代到来以后最大规模的空战。空战的战损比据西方宣称为84：0（以色列无一损失，不过实际情况可能并非如此），在己方没有遭受任何损失的情况下，消灭了60架以上的叙利亚飞机。叙利亚遭到两次空袭后，倾尽全力再次向贝卡谷地方向增

兵10个萨姆-9防空导弹连，然而这些防空导弹连又接二连三的被拔掉了，对于一个小国来说，损失数十架战斗机和数十个防空导弹连，这样的损失实在是太大了，几乎等于打空了叙利亚一半的空军力量，而以色列除了发射掉了许多炸弹和导弹以外，几乎没有什么损失了，叙利亚不堪其辱，于6月11日宣布退出战争。而以色列人则高调宣布他们取得了人类空战史上最大的压倒性胜利。

以色列空军的F-15战斗机

　　随后，以色列以其强大的军事压力迫使巴勒斯坦解放组织撤出了贝鲁特西部地区，同时还攻占了许多其他地区，占领了近3000平方千米的黎巴嫩土地。取得了中东地区绝对的军事优势，贝卡谷地上空发生的这次决战，以色列以较小的损失（苏联宣称以色列其实也损失了16架飞机，叙利亚只损失了40多架飞机，不过无论如何，这次空战的战损比都是很大的）获得了巨大的战果，叙利亚则损失惨重，其对空作战能力毁于一旦。作为一次典型的高技术条件下的空战，此战被后来各国军事部门高度重视，反复讨论研习，经过反复的讨论，世界军界普遍认为，以色列取得此战胜利的根本原因在于其高度重视电子战在现代战争中的作用。电子战是现代战争中的重要手段，以色列军队为了压制叙利亚军队在贝卡谷地的防空导弹和地面雷达，早早就制订了周密的作战计划，并首先以活动在地中海海岸线100千米上空的E-2C预警指挥机为平台，侦察和截获了叙利亚军队的雷达工作频率，同时还释放出干扰电波，制造假目标，致使叙利亚情报系统陷于瘫痪。随后，在叙利亚军队没有情报信息支持的情况下，又诱使叙利亚导弹和雷达开机，仓促发射导弹，使以色列预警机准确地掌握了叙军防空系统的特征、工作频率、地理位置等情报。紧接着，E-2C预警机又向空中的己方飞机发出指令，将机载电子对抗设备调频到相应位置，释放干扰，大量抛撒干扰物，制造出强烈的电子干扰屏障，并引导己方攻击机梯队发动攻击，"打瞎"了叙利亚的防空导弹。叙利亚的飞机升空后，其机载雷达荧光屏上杂波闪烁，根本无法看到目标，叙利亚飞行员只能依靠目视发现目标，而以色列预警机却拥有200多千米的精确探测范围，这使得以色列取得了战场的单向信息透明，所以叙利亚在空战一开始就已经陷入到了极其被动的境地中，空战中也不能发挥作战实力，因此最终大败而归。

此战中，E-2C"鹰眼"预警机一战成名！世

画家笔下的贝卡谷地空战，图中近处是以色列空军的F-4战斗机

人原本以为预警机只是大一些的侦察类飞机，然而预警机全面的功能和多任务的能力却令他们叹为观止。预警机在情报的获取、处理、分发，在电子战中的保护和攻击能力在实战中体现得淋漓尽致，甚至能承担空中指挥所的责任，在地面指挥部的指令还未下达时，就能引导本方战斗机前往拦截叙利亚飞机，这在瞬息万变的战场上尤为难得！可以说，以色列以超越时代的技术优势，打赢了一场发生在30多年前的战争！至今，贝卡谷地的上空依然回响着预警机的"鹰鸣"，E-2C预警机仍然在这片天空巡逻穿梭，等待着未来不可预知的对手……8年之后，预警机在另一场大名鼎鼎的战争中又发挥了重大作用，那就是揭开了现代战争的序幕、彻底奠定了现代战争基础的海湾战争。

3.2 扬威海湾

随着苏联的解体和东欧的剧变，冷战结束了，世界原有的两极格局被打破，世界性的军事阵营和意识形态对抗结束了，取而代之的是世界大国和地区大国之间，就政治、宗教、经济资源利益等方面的矛盾。苏联的解体堪称是一次地缘政治的灾难，由此，原本一些服从于超级大国的地区性大国，开始产生地区霸权主义野心，他们的出现使得中东地区的军事和政治天平开始失衡。

此时，一直想要称霸海湾地区的伊拉克，眼见苏联解体，以为再也没有任何一个大国可以干预其称霸中东了，再也按捺不住野心，随即在1990年8月2日凌晨2时（巴格达时间），出动了14个师，总兵力约10万人，在毫无征兆的情况下，大举侵入科威特。科威特是一个小国，全国也就几百万人口，军队更是仅有数万人，怎敌伊拉克大军。结果可想而知，伊拉克在当日下午就占领了科威特全境，宣布当时在科威特执政的萨巴赫家族被推翻，科威特"临时政府"成立，随后又宣布将科威特和伊拉克进行合并，将科威特正式划入伊拉克的版图，从而挑起了长达数十年的中东地区动荡。

伊拉克的这一入侵和吞并行为，很快遭到了全世界的强烈谴责和反对。同时，伊拉克的军事行动直接伤害到了美国和西方国家的政治和经济利益，对西方造成了不可估计的战略损失。面对这一局势，美国对伊拉克采取外交孤立、经济制裁和军事威胁的三管齐下手段，谋求不战而胜，在伊拉克入侵科威特当日就促成联合国安理会通过了660号决议，要求伊拉克立即无条件撤军。在伊拉克入侵科威特后的4个月内，联合国安理会一连通过了12项针对伊拉克的决议，同时，还下达了最后通牒，也就是678号决议。678号决议实际上是美国争取到的合法开战的法律依据，该决议同意授权有能力的大国采用武力方式干预中东危机。由于伊拉克拒不执行联合国要求的撤军协议，致使危机不断升级，海湾地区山雨欲来风满楼，一场大战即将来临。

联合国678号决议规定，在1991年1月15日之后，联合国成员国可以采取武力手段将伊拉克军队逐出科威特。美国为了维持其霸权地位，控制海湾石油资源，掌握西方经济命脉，在中东建立起以美国为主导的"新秩序"，巩固其世界领导者的地位，随即决定对伊拉克采取军事行动，并且高举联合国"王旗"，联合其他39个国家发动了海湾战争。

海湾战争爆发后，第一个阶段就是空袭阶段。这一阶段，美国、英国、法国、加拿大、沙特、阿联酋、科威特、阿曼等国一共出动了各种作战飞机1700余架。其中，仅美军就出动了1200多架，而且大部分都是当时世界上最为先进的作战飞机，包括F-117隐形战斗机、F-15E战斗轰炸机、F-15C/D战斗机、F-111战斗轰炸机、F-4C反雷达攻击机、B-52G战略轰炸机等等。另外，还有3个航母战斗群，游弋在地中海、红海和阿拉

海湾战争中,伊拉克试图以燃烧的石油烟雾弥漫天空,遮挡美军的攻击视线,然而事实证明这完全是徒劳。图为美国士兵在燃烧的石油烟雾背景下,站在被击毁的伊拉克坦克上

伯海的海上阵地。同时,在空中的预警和指挥方面,美军也阵容强大,包括了前面提及的 E-3D "望楼"、E-2C "鹰眼"、E-8A "联合星" 等先进预警机,如此强大的阵容之下,伊拉克的结局可想而知。

在以美国为首的多国部队制订的"沙漠风暴"作战计划中,战略空袭占据了最为重要的地位,它也是最为主要的作战手段。其空袭的企图是:以持续不断的高强度空袭,摧毁伊拉克的战争潜力和战略反击能力,打击其士气民心,重创其地面作战部队,瘫痪其防御体系。之后,在海军和空军的支援下,地面部队迅速进攻,歼灭伊拉克军主力于科威特北部和伊拉克南部地区,迫使伊拉克接受联合国的有关决议,结束战争。多国部队空中力量与伊拉克空军作战飞机数量之比约为3∶1,且由于伊军缺少电子战飞机和空中预警指挥机等特种作战飞机,更拉大了双方空中力量战斗潜力的差距。因此,在双方空中力量的总体对比上,多国部队占有绝对优势。

其中,美国的飞机靠前部署,大部分分布在伊拉克边境400千米以内,呈压迫性进攻态势,准备发起初期的大规模火力突击;在二线,则广泛分布了英国、法国、意大利等国的作战飞机,它们大都部署在沙特和阿曼、巴林等国的空军基地内，准备进行补充攻击；而在第三线上，则在土耳其部署了德国和比利时的作战飞机，它们将会在战时承担巡航和保护以及夺取制空权的战斗任务。1991年1月17日凌晨2时40分（伊拉克当地时间），多国部队发起了代号为"沙漠风暴"的大规模空袭行动。空袭开始之前90分钟，美军的E-2C舰载预警机升空，它们与E-3"望楼"预警机共同承担战场指挥和侦察任务。美军预警机标定了伊拉克境内的已知目标，将其火控诸元传递到了海上机动的美国舰队指挥中心，美国海军的军舰就开始在海上向伊拉克境内的既定目标发射"战斧"式巡航导弹，空袭开始前22分钟，美国陆军的9架AH-64"阿帕奇"武装直升机就在3架空军E-3预警机的引导下，用"地狱火"导弹摧毁了伊拉克境内的2座早期预警雷达站。空袭开始前9分钟，F-117战斗机向伊拉克南部的一个防空截击指挥中心发起了攻击，投下了这次战争中的第一枚炸弹。攻击直升机和F-117战斗机的攻击在伊拉克雷达覆盖区和指挥与控制网上打开了一个缺口，随后，在E-3预警机的引导下，执行第一波次空袭任务的飞机在F-15、F-14和电子战飞机的掩护下，奔向了早就预定好的攻击目标。

在海湾战争中，航空兵发挥了决定性作用。图为飞越沙漠战场的美军空袭编队

多国部队第一波次攻击的重点任务是分割和摧毁伊拉克的一体化防空系统。参加第一波次空袭的共有700余架作战飞机，分成了3个机群，每个机群都包含有若干个攻击编队，这些编队视任务的需要而组合。在空袭开始后，2架F-117首先以2000磅的激光制导炸弹攻击了位于巴格达市的一座通信大楼。在海湾战争中，这种飞机是袭击巴格达市中心目标的唯一一种有人驾驶飞机。其后，对其他各个目标的攻击全面铺开。从红海"肯尼迪号"和"萨拉托加号"航母起飞的舰载预警机为美国空军和英国皇家空军的飞机提供战情支援，它们攻击了巴格达附近的防空系统、机场和"飞毛腿"导弹发射场；沙特皇家空军、驻沙特东部的科威特空军以及部分美军飞机，袭击了伊拉克东南部的机场、港口设施和防空系统；多国部队空军的其他飞机则从中路攻击伊拉克南部和中部地区的各个目标。

空袭开始5分钟后，巴格达及其附近的20个防空系统和伊拉克指挥机构就陷入了瘫痪。1个小时后，又有25个同类目标被摧毁。多国部队空袭的战术思想在于从一开始即全面使伊拉克的防空系统陷入瘫痪，扰乱或切断伊军指挥中心同各战区和各部队之

伊拉克的坦克在美军的飞机面前不堪一击

间的通信联络，因此，整个空袭是高度密集、全面压制和迅速准确的。

多国部队在日出时分开始了第二波次的攻击，许多适于白天作战的飞机被投入了空袭行动。到傍晚，伊拉克的战略C3I(指挥、控制、通信和情报)网络、战略防空系统和主要的领导指挥设施都遭到了严重破坏，部分导弹武器设施也遭到了攻击。当夜幕来临时，多国部队又开始了第三波次的攻击，除了继续打击伊拉克的防空系统和指挥机关目标外，B-52G战略轰炸机开始攻击伊拉克共和国卫队的主要部队，这些部队在刚刚出发的时候，就被远程赶来的E-8"联合星"预警机捕捉到，随即被预警机召唤的攻击机逮了个正着，补充攻击了在前两个波次攻击中发现的新的伊拉克指挥和防空目标。

在第一天的空袭中，多国部队共出动了三个波次的2000多架次飞机，发射了118枚巡航导弹，投掷了1.8万吨炸弹。萨达姆的总统府、巴格达电信电报大楼、空军和防空指挥司令部都被摧毁，许多防空设施，如雷达站、导弹发射场被摧毁，巴格达附近的2个机场遭到严重破坏，一些工业设施、巴格达电厂、电视大楼也被炸坏。第一天的三次空袭是多国部队空中力量整个空中作战阶段的一个缩影。随着时间的推移，在以后的空袭中，它的许多作战特点被表现得越来越突出。

航空制胜论是海湾战争的主论调

在海湾战争中，多国部队的每一次空袭都是一场高难度的空中协同作战。通常，在空袭开始前，E-3D预警机首先升空，随后，EF-111A电子对抗机起飞，在E-3D预警机的引导下进入伊拉克、科威特境内，实施强电磁干扰，破坏伊军的早期预警系统，为攻击编队打开安全通道。大批攻击编队起飞后，都伴有电子战飞机和战斗机护航。EF-111和EA-6B在近距离航道上干扰伊军的目标捕捉和地面雷达引导，EC-130H电子战飞机干扰伊军的无线电通信、数据通信和导航系统，F-4C、F-16、A-6E、A-7E和F/A-18飞机则用高速反辐射导弹摧毁目标引导雷达和目标跟踪雷达。F-14、F-15C、F-16和F/A-18等飞机担负掩护攻击的任务。担负攻击任务的机种有F-117、F-111D/E/F、A-6、A-10、AV-8B、F-15E、B-52等型号飞机。攻击飞机根据不同的任务而组成不同的编队。当攻击编队实施空袭时，E-3A和E-2C空中预警机在战区外实施空中预警、指挥和控制。

海湾战争中的空袭作战充分体现了高技术条件下的空袭作战的特点和规律，特别是空袭作战成为战争的一个独立阶段和样式，并且成为达成战争目的的重要手段。海湾战争中，多国部队广泛使用C3I系统和各种制导技术装备，其可靠的效能大大优于伊拉克军队的指挥系统。在情报战上，以空中预警机为代表的各种高技术侦察手段为多国部队提供了适时、可靠、准确的情报，使多国部队先胜一筹；各种电子制导技术和其他电子技术的广泛使用，使多国部队在电子战上处于一种绝对优势状态，掌握了所谓的第四维空间：战场电磁权；而隐形的飞机和先进的巡航导弹在预警机提供的火控帮助下，命中率竟高达98%。预警机增加了轰炸的效率，充分体现了战力倍增器的价值，从而大大提高了火力突击的效果，对战争进程和结局的影响进一步加大。多国部队在对伊空袭中，广泛使用多种新型作战和支援飞机、舰射和空射巡航导弹以及各类电子战设备，对伊实施电子战、导弹战和隐身战，不仅使伊侦察情报系统和防空系统陷入瘫痪，摧毁了伊多数战略目标，而且还对伊民众造成了强大的心理震慑。

在未来高技术局部战争中，预警、指挥、控制、通信和情报是战争赖以进行的重要手段。丧失这一切，就从根本上丧失了战场主动权，而预警机是确保这一领域优势的关键核心装备。在海湾战争中，电子战由于具备战场制电磁权，可对敌方形成极大的优势而成为实施"硬杀伤"所不可或缺的一种作战方式。开战前24小时，多国部队根据侦察到的伊拉克各种电台、雷达、地空导弹系统的频率和信号，综合采用有源和无源两种电子干扰方式，对伊拉克防空雷达、指挥系统和武器控制系统实施了强大有效的电子干扰。空袭中，在E-3D及新型E-8空中预警和指挥机的全面控制下，EF-111和EA-6B电子战飞机使用新型干扰器发出全方位迷盲信号，为攻击机打开通道，而F-4C发射的具有"记忆"和"自动导向"功能的AGM-88A"哈姆"式反辐射导弹，则取得了明显成效。伊军对此却显得无能为力，束手无策，开机的雷达不是荧光屏上出现了一片雪花，无法监视对方动向，就是因为受到"哈姆"反辐射导弹的攻击，其余雷达只能被迫关机。在战争全过程中，美军又针对伊军的指挥、控制、通信和情报系统实施了强大的电子战，对伊军电子设备、防空雷达和通信网络等进行"软压制"，这致使伊军指挥失灵，通信中断，空中搜索与反击能力丧失，只好处于被动挨打的地位。

海湾战争是美国在20世纪80年代末确立了联合作战方式后发动的第一次战争，具有鲜明的联合战役色彩，因此，专门为联合作战而生的E-8"联合星"预警机在此战中发挥了重要作用。E-8"联合军"预警机在空袭期间有效引导了美军作战飞机的地面打击行动，搜寻和跟踪了大量的装甲车辆和机动导弹发射车，截获了一大批关键情报。在E-8"联合星"预警机的协调和指挥下，美军摧毁了伊拉克大量的技术兵器。在1991年1月29日爆发的海夫吉战役中，美军的E-8"联合星"预警机对伊拉克军队的作

战行动进行了全面的监视，当伊拉克装甲旅刚刚出发时，美军就已经得到了伊拉克陆军进攻的消息，获知其只是一次短促攻击，并不是一场大规模的战役，因此也没有准备后续的支援力量。这使得在海夫吉战斗爆发之前，美军就能够提前获知伊军军事动向和兵力部署，以及战斗的规模，这使得联军并没有被海夫吉的小规模战斗所牵制，仅派驻了少量部队和其他辅助国家的军队前往迎敌。同时，E-8预警机还在

海湾战争让人们记住了"死亡公路"。传统的机械化部队纵使强悍，但是面对现代化的预警机指挥下的空袭，则毫无还手之力

在E-8"联合星"预警机的协调指挥下，多国部队短时间内就摧毁了伊拉克大批装甲部队，可谓战功赫赫

伊拉克军队的后方找到合适的防御空隙，使得美军直升机突击部队能够准确地切断伊拉克军队的外部联系，并且引导攻击机对行进中的伊拉克机械化部队进行战场遮断拦截。而当伊拉克军队承受不住空袭压力之时，E-8预警机又及时地截获了伊拉克军队要从科威特撤出的情报，同时也掌握了其撤出部队的规模，他们迅速地召唤在空域值勤的所有攻击机前往拦截，在美军的空袭打击下，伊拉克军队在伊科公路上损失了大量的装甲战车，并承受了惨重的人员伤亡，因此这条公路在战后被世人称作是"死亡公路"。

　　海湾战争开启了现代战争的大门，它是一场教科书式的战争。在海湾战争刚刚爆发时，就在所有人都以为，号称世界第四军事强国的伊拉克能够抵抗许久时，伊拉克就已经崩溃了。伊拉克的过快失败让世人见识到了现代战争的无穷可能性和威力。同时海湾战争又把航空制胜论提到了一个前所未有的高度上，甚至有人说，没有制空权就没有一切，空袭成为大国手中的战略砝码。几年后的科索沃战争，则是世界上第一场航空制胜的战争，美军对南联盟实施了长达99天的持续轰炸，南联盟"铁人"也不得不低下了头，俯首认输。预警机作为航空制胜的关键武器系统，就这样从一个辅助性的支援性装备，一跃成为代表一国综合军事力量和军事科技最高水平的尖端武器装备，它的存在与不断改进体现出无穷的战略价值，对于任何想要有所作为的国家而言，预警机都是不可或缺的现代战争装备。

第4章 我国的预警机

4.1 艰难的初创时期

　　我国是世界大国，也是在世界上排得上号的准一流军事强国。也许在许多人印象中，我国军队总是装备着劣势的武器，总以采用奇袭的办法在战争中取胜。然而今非昔比，今日的中华人民共和国解放军，已经是世界上从武器技术到战略战术都屹立在最前沿的强大军队。我国是这个世界上仅有的三个采取了联合作战思维的国家，另外两个国家一个是美国，一个是俄罗斯。同样的，我国也是当今世界上4个可以完全独立生产预警机的国家之一，这对于我国联合作战概念的贯彻实施有着重大意义。在2015年的阅兵式上，我国展示了包括国产预警机到国产先进战斗机、轰炸机在内的强大航空兵阵容，令世界侧目。

　　然而这举世闻名的中国成就，并非是一朝一夕建成的。在新中国成立初期，百废待兴之时，在我国的工业基础条件极端艰难、恶劣的情况下，我国的军工科技工作者却满含着"敢叫日月换新天"的豪情壮志，以顽强的革命精神，一步一个脚印地攻克了一个又一个军事科技的瓶颈，以中国人自

新中国成立初期的空军部队装备相对简陋

己的力量，构建自己的国防体系，成就了一段辉煌历史。从20世纪50年代建成第一艘50吨级的小炮艇，到如今建造6万吨级的航空母舰；从制造第一架飞机初教-5，到设计建造世界上顶尖的预警机和第五代隐身战斗机，我国科研人员付出的不仅仅是汗水，更有满腔的爱国热情和无悔的青春！

新中国成立初期，不甘失败的国民党政府，联合美国对大陆极力推行封锁政策。他们签订了《共同防御条约》，美国对国民党军进行军事援助，为他们换装了喷气式战斗机，并策动国民党空军袭扰大陆沿海地区，侵入大陆领空纵深实施战略侦察，这使得海峡两岸一度陷入了紧张的军事对峙状态，空中交战时有发生。也许现在的很多年轻人并不清楚当时环境的严峻性，接下来的这组数字，会给大家还原一个真实的历史：1950年1月到2月初，国民党空军对上海进行了8次空中轰炸，其中2月6日轰炸规模最大，国民党空军从台湾岛和舟山群岛等地出动了包括B-24、B-25等型号的轰炸机在内的17架混合机群，以上海电力公司、沪南及闸北水电公司为主要目标，实施了

20世纪50年代被国民党空军空袭破坏的上海市区建筑

　第4章　我国的预警机

覆盖式轰炸，致使上海市遭到严重破坏，伤亡高达1400余人，这就是震惊中外的上海"二·六"轰炸事件。事件发生后，解放军加强了上海、杭州、徐州等地的防空戒备，在此后仅仅两个多月的时间里，就在以上地区先后击落国民党军战斗机8架，逐渐构建了一条可靠的空防屏障。

20世纪50年代初，美国总统杜鲁门悍然发表了干涉朝鲜和侵犯我国主权的声明，并且要求国民党当局保持中立。尔后，又批准美国空军侵入我沿海和东北地区进行频繁的侦察和破坏活动，还不断侵入上海等城市的上空，给我诸多地区造成了严重威胁。在东北的一些城市，美军对我城镇的空袭已然成为常态，中朝边境常有航弹落下，诸多边城都被毁成废墟。战争的阴云笼罩在我国人民的头顶。值此之际，国民党当局加入了封锁新中国的"岛链"行动之中，时常袭扰福建等省的沿海地区。我人民解放军空军积极地调整防空部署，日夜加强情报保障，飞行员在没有经过完全训练的情况下，就凭借自己的机智勇敢在海上超低空和敌机战斗，用生命捍卫着新生的中华人民共和国。1952年9月20日，解放军空军在海面上空100米处击落了1架美国B-29重型轰炸机，而在此后不到1年时间里，又连续击落了美国3架侦察机和轰炸机，击伤2架，给入侵我领空的美军以沉重打击。

1955年，美国向国民党空军进行了大量援助，给他们换装了F-84G、F-86F等新型喷气式战斗机，还为国民党军侦察机部队换装了美制RT-33、RF-84、RF-86、RB-57A、RB-57D等侦察机，经过换装后，国民党空军开始加强了对大陆沿海地区和船只的轰炸。在20世纪50年代中期，国民党空军一共出动了5000多架次的飞机，对我沿海地区实施了400多次空袭和轰炸。解放军空军和海军航空兵则在1956年到1957年进驻浙江省路桥、衢州，广东省惠阳，江西省新城等地，扩大了防空作战的半径，在这些地区实施对美国、国民党空军侦察机的拦截和追击。自1954年7月到

1958年6月，解放军空军一共击落和迫降敌侦察机6架，击伤11架；用地面的高射炮一共击落击伤敌机21架。

国民党空军的美援B-25H轰炸机

此后，美国派遣了第35"黑猫"战略侦察机中队进驻我国台湾地区，他们主要使用U-2高空侦察机，从20000米的高空侵入我领空，侦察我核武器和导弹的研制与部署情况。在一开始，我军的高射炮和歼击机都打不到U-2飞机，对U-2的入侵束手无策。此后，解放军建立了地空导弹部队，在1959年9月到1967年9月，8年的时间里击落了5架U-2侦察机和1架RB-57D侦察机，俘虏了两名敌机飞行员。终于，在我地空导弹部队的严密防御下，美军的第35"黑猫"战略侦察机中队损失殆尽，并从美军编制上被去除，从此消失在历史中。20世纪60年代，解放军还击落了美国的RF-101侦察飞机3架、击伤4架，击落F-104飞机1架，俘虏飞行员1名，击落RB-66、F-4B、F-104C、A-4B等各型飞机13架，击伤2架，俘虏飞行员2名，其次还击落了美国无人驾驶高空侦察机20架。

在新中国成立的头20年内，解放军在保卫祖国领空的防空作战中，一共击落了141架美国和国民党军队飞机，击伤了238架各种型号敌机，沉痛地打击了帝国主义的嚣张气焰，从此，美国放弃使用飞机对我领海和领土进行轰炸袭扰，仅仅出动侦察机对我实施纵深侦察，国民党空军也在付出沉重代价后减少了对我袭扰的次数。然而这并不代表着危机的解除，而只是对手的喘息。现如今，美国部署在日本横须贺港的海军第七舰队在韩国和日本等地驻扎有前沿部署的轰炸机群，对我国仍然具有重大威胁。对我国而言，新的挑战就在眼前，我们只有构建出自己的先进空防体系，才能确保和平稳定。先进的防空系统，必然需要先进的航空兵器，因此预警机作为一种战力倍增器，迅速成为我国军队关注的焦点，而我国的科研工作者也开始紧张地投入了奋战……

4.2 空警–1号

解放军早期的空中预警机设想来源于针对国民党空军袭扰沿海地区的拦截作战。当时我防空系统处于初创初期，存在很多防空空白地区，没有能力完全阻挡国民党空军的夜间飞行和袭扰。即使是在白天拦截敌人飞机，对于缺乏装备的我空军来说，也是一件非常艰难的事情。

对空拦截作战是国土防空作战的主要样式，而拦截的成功与否主要取决于预警和指挥的成功与否。和世界防空拦截作战的发展史一样，我军在没有预警机的时代里，也是把地面的雷达站当成是主要的早期预警手段。但是新中国在成立初期基础设施一穷二白，只有很少的地面雷达站，而且大都是老旧型号。空军曾经长期使用缴获的美国制式208和406等米波雷达。这些米波雷达的警戒引导距离大约为150千米，误差约2千米。由于米波雷达误差大，在1957年以前的数次作战中，我空军虽然能将战斗机引导到目标附近，但是在复杂天气或夜间，战斗机飞行员依旧无法利用肉眼发现目标。

1956年以前的我空军装备的战斗机很少具备夜战能力的。那时候空中安全主要是依靠大量的米格–15和米格–17昼间型战斗机来保护的，这种飞机在作战时需要地面雷达的引导，在到达目标空域后，再用肉眼进行搜索和作战。这种拦截方式对飞行员和指挥员的素质要求很高，而且还要反复的预演和练习，才能形成默契，战斗力的生成非常艰难。这种状况使得国民党飞机夜间的入侵频频得手，空防面临威胁。

地面雷达站的种种缺陷早已显现，但新中国的工业基础薄弱，没有能力研制预警机，预警机就像是难以追求的"女神"一样，对我空军而言还只能"远观"。我空军最早提出在大型飞机上安装对空搜索雷达，并非是要建造预警机，而是需要一种能够在夜间作战的长航时飞机。歼击航空兵夜间防空作战虽然取得了一些战绩，但是这些战斗指挥和飞行都非常笨拙。在1960年国民党军改用P2V-7U电子侦察机后，我防空拦截作战形势更加严峻。由于P2V-7U电子侦察机安装了ASP-20搜索雷达(这是美国最早的预警搜索雷达,详情见上文)以及当时很先进的电子侦察系统，依靠地面雷达和战斗机已经很难对其进行拦截。

我空军最早类似预警机的雷达作战飞机是图-4改装的夜间战斗机，这也可能是世界上最大的空战战斗机。作为当时的"社会主义老大哥"，苏联在1953年3月赠送给我国10架图-4战斗机。这批图-4

刚刚成立时的人民空军,虽然装备简陋,但是战士的眼中总有一股精气神,令人敬畏

新中国空军成立初期，图-4可是难得的好飞机，机体空间大，改造潜力大，用途广泛

飞机全部装备给当时的空军独立4团，驻扎在河北石家庄。被国民党军P2V-7U侦察机不断骚扰的我空军，提出了改装图-4的方案。机载雷达采用被称为"钴"的轰炸瞄准雷达。这种雷达的探测距离达100千米，可以作60°的左右探视，也能作360°的全景扫描。这种雷达后来主要用于伊尔-28轰炸机，安装在飞机的前下方。在改装图-4夜间战斗机时，技术人员将预警雷达安装在飞机背部的前炮塔上，这种雷达需要与光学瞄准具交连。为保证光学瞄准具能在夜间作战，设计人员在图-4飞机的前舱安装了探照灯和红外对空瞄准具，这部瞄准具能够在3千米外发现P2V-7U这样的目标。图-4原本是轰炸机，有一个巨大的弹舱，改成预警机后，弹舱失去了作用，于是宽大的弹舱被改装成空中指挥所，把雷达外接显示器接进舱中，并在舱内安放图桌并布置通信线路，这样就能接收到地面空情，还能协调图-4飞机上各炮位的作战。改装后的巨型夜间战斗机图-4P简直就是一艘巨大的空中战舰，机体上装有5个双联装23毫米航炮的旋转炮塔，即便是当时国民党军的F-86战斗机也不是图-4P的对手。

不过图-4P的战绩并不理想，因为改装的图-4P作为夜间战斗机显然是过于笨重了，但值得庆幸的是这个原始的大家伙已经具备了早期预警机的雏形。1969年9月26日，面对严峻的防空压力，中央军委发出了研制空中预警机的指示，终于第一次把预警机的研制提上了国家科研工程的日程。当年11月25日，空军司令部发布通知，以六院为主，空一所、空二所、空军十二厂为辅，抽调人员进行空中预警机的研制。同时，决定改装一架图-4飞机为空中预警机，代号"926任务"，改装工作在陕西咸阳以西的空36师基地进行，基地附近是就是5702工厂，该厂有相关的大型加工和维修设备。

　　在图-4基础上改装是非常务实的做法，彼时我军大型飞机很少，可选用的机型只有伊尔-18、三叉戟、波音707、子爵、图104、图-4等，这些飞机都是英国、苏联或美国产品，当时中苏和中美关系都处于紧张状态，零配件难以保证，而机械状况比较好且能加工零部件的只有图-4。因此，采用图-4作预警机平台合乎情理。1969年底，603所会同其他所派出人员组建了150人的设计队伍，以603所的楼国耀

空警-1号预警机的雷达天线罩特写。作为我国第一款自研预警机，它一开始就采用了流行的背负式天线布局方式

　　　第4章　我国的预警机

担任型号的技术总负责人,后期改由周光耀担任,这是我国的第一代预警机设计团队。空军要求全国各单位对预警机计划所需材料加工资料等全部开绿灯放行,只能倾全力配合不得过问,严格保守秘密。

新中国当时的工业建设才刚刚起步,实际上并不具备研发预警机的能力。空警-1号刚开始研制,就遇见技术上的问题:机身上携带7米直径的雷达罩后,重量增加5吨,飞行阻力增大30%,飞机原本装备的4台发动机功率不足。为此,设计团队决定改装已经国产化的涡桨-6发动机,当时也只有这一款发动机能满足空警-1号的要求。改装工作由空军一所担任。由于该飞机风冷活塞发动机舱短小,根本装不下更长的涡桨-6发动机,因此需要在活塞发动机舱前,加装一段过度舱段才能与原发动机舱连接。制造和安装这个舱段时,由于生产设备老旧,没有型架保证精度,技术工人们"土法上马",创造性地把木匠拉线和水平仪等家什用于测量安装焊接位置,结果不仅精度非常好,而且仅用了一个月就顺利完成。

顺利改装了发动机舱,不过加长了的发动机却向前伸出达2.3米,影响了飞机的稳定性和可操纵性。工程师解决这个问题也是快刀斩乱麻,加大平尾面积,并且在平尾两端加装端板,同时增加腹翼和加大背翼来保证稳定性。改装最重要的部分是雷达和机载系统。为了装下这些系统,技术人员拆除飞机上原有的"钴"雷达和所有炮塔,参考了苏联的图-126型预警机,在机背上加装了7米直径,厚度为1.2米的玻璃钢雷达罩,背负式的雷达天线也是当时预警机的潮流,因此采取这一布局方式具有一定的前瞻性。由于原型机体使用的是二战时的老旧技术,还在使用飞机蒙皮,没有相应的承力结构能用于安装雷达罩支架,普通框架承受不了雷达罩在飞行中产生的应力,因此设计人员在图-4的机身内加装了承力框架,然后再把雷达罩架安装在这些承力结构件上。

虽然空警–1号预警机并未能投入空军服役,但是研发团队的精神却被后辈们继承

如今在地面静态展示的空警–1号,默默地诉说着过去的辉煌

作为预警机,自然是需要具备指挥和控制功能的。图–4飞机中段的弹舱等几个舱段全部被改装成密封舱,用于安排雷达操作员和控制人员。空警–1号的主要子系统包括警戒雷达系统、数据处理系统、数据显示和控制系统、敌我识别系统、通信和数据传输系统、导航和引导系统、电子对抗系统,这些系统使空警–1号具备了预警机该有的所有功能。在空警–1号上采用的是布置多个雷达P型显示器,2个A型显示器,UHF和VHF波段的电台分别担任空地和空空通话,当时数据传输设备采用无线电传机改装,空域的空情显示主要以图板作图表示。由于雷达P显技术不足,操纵员和控制员必须时刻紧盯显示器,不然很可能漏看空情。实质上空警–1号只是将地面的雷达站移到空中拓展探测范围和减小盲区,性能与20世纪

50年代早期的预警机相当，并非真正意义上的现代预警机。但是根据当时已经公开的资料，空警-1号对低空目标的探测面积已经达到相当于40个P-3雷达站的水平，这对于当时的国土防空是非常有实用价值的。

1971年6月10日空警-1号开始了首次试飞，随后进入正式试飞阶段。由于位于垂尾前方的雷达罩厚度大且边沿钝，飞行中罩后气流产生分离作用就能在垂尾上产生震颤。这种震颤在飞行中都能明显感觉到。震颤不仅容易使空勤人员感觉疲劳，也容易使飞机的机体结构产生疲劳。从1972年9月开始，设计组开始着手排除震颤。采取的手段是在天线架上安装船形整流罩，并在垂尾上加装动力吸振器。经过反复试验，成功地将震颤遏止在允许范围内。空警-1号全部改装完成后，进行了几百小时的飞行测试，中高空模拟目标是轰-6轰炸机，海上低空目标以安-24运输机模拟。最终测试显示空警-1号对轰-6的探测距离能够达到300~350千米，对海上低空飞行的安-24飞机探测距离达250千米。

空警-1号也针对海上舰船进行了试验，探测大型猎潜艇一类的目标距离达300千米。虽然当时空警-1号采用的全是电子管系统，连指挥计算机都是电子管晶体管混合电路，但在探测距离上也能与国外同时代的先进预警机相媲美，这主要得益于飞机机体较大，容纳了更多的供应设备，雷达天线的功率由此提高。不过空警-1号在整体上仍相对落后，主要体现在雷达数据处理和信息传送环节上，缺乏实用的人机界面，不得不依靠手工标图和语音通信传报空情。1980年以前，我空军主要沿用苏联的装备体系和作战指挥模式，以短航程的防空战斗机和地面雷达引导为主。我国的国土面积很大，这样就需要很多的地面雷达、战斗机和机场，并且划分各自的防空空域，要协调、调度数量庞大的战斗机群和分布各处的空军基地，再加上近十万门高射炮和几千个防空导弹发射架，这对于我空军来说不是件容易的事情。

苏联的预警机一般部署在警戒地区后方150千米处，附近有己方战斗机和地面防空区域，这种做法不仅能有效监控前方空

域，还能使预警机处于己方防空网的保护之下。预警机探测距离远，发现有敌方战斗机企图袭击预警机时，可以及时后退，并引导己方战斗机和地面防空系统进行拦截。预警机的优势是探测距离远，作战中可后退，并脱离敌方地面雷达视距；而需要地面引导的战斗机却无法得到地面全景空情引导，机上雷达只能探测正面空域，因此容易落进从侧面接近的对方战斗机设下的圈套中。彼时我空军的预警机也很可能采取这类战术，但中国的实际情况不同于苏联和美国，缺乏远程战斗机，需要引导大批的歼-5和歼-6轮流升空作战，甚至还要与地面防空系统协同，预警机的指挥控制非常复杂。不过1970年以后的我国国土防空如同长满刺的刺猬，入侵的敌机

空警-1号

遭到的空中和地面拦截规模是空前密集的，防空系统的规模还是令敌人望而却步，祖国领土的安全因此得以保障。

空警-1号研制完成后，并没有进入空军服役，而是专心致力于科研和试验，以进一步积累研发预警机的经验。进入20世纪70年代，国民党军飞机的袭扰渐渐平息，我雷达网建设已经逐渐完善，覆盖了大多数领土。对于空中预警机填补盲区的紧迫程度减缓，如此一来，就有了较为充分的时间更进一步地认识预警机作战体系。然而到了20世纪80年代，我空军主要战机依旧是米格-17和米格-19的国产型歼-5和歼-6战斗机，地面雷达也还是当年的P-3和P-20。1982年爆发的叙利亚与以色列的战争中，以色列利用预警机成功地瓦解了叙利亚的地面雷达网和防空体系，落后的战术思想和落后的装备才是叙利亚人失败的原因。这场战争警醒了我们。80年代末期，空警-1号第一次展现在公众眼前的时候，已经不再能遨游长空，而只能作为北京小汤山航空博物馆的展品而存在。这对于希望我空军拥有自己的预警机的人们也许有些遗憾，但对我空军却意味着战略思想和观念的新生，空警-1号是解放军防空史上的一个里程碑，它的研发为我国后来研发世界最先进的预警机奠定了基础，也进一步推动了我国航空产业的发展，为我国后来的航空产业井喷式的发展埋下了伏笔。无论如何，空警-1号都是一架志在保卫祖国领空的卫士，值得人们尊敬。

4.3 失败的引进计划

当我国自己的空警-1号预警机研发计划下马，而国际形势又愈发紧张之时，获得预警机已经不仅仅是一个设想的课题了，而是成了一项迫切需要完成的任务。1978年，改革开放后，我国的经济建设取得了长足进步，人们的观念也随之开始产生了变化，随着与世界接触交流的增多，人们的眼界得到了极大的拓展。1980年，我国军方代表团前往美国考察访问，并登上了美国的航空母舰，深入地考察了美国海军的巡洋舰、两栖攻击舰和驱逐舰，以及空军的战斗机和航空制造企业。参观中，我军代表团对于美国的先进技术，感到极大的震撼。从那时起，我国各个领域的技术人员，慢慢认识到了与西方巨大的技术鸿沟，意识到如果还仅仅依靠自己的力量完成中国空军的更新换代，拒绝西方的技术引进，无疑是错误的。

由此，我国确定了先引进后消化吸收转而再生产国产预警机发展的新思路。就在此时，苏联解体了，新生的俄罗斯联邦急需大量资金和订单来维持航空企业的生存。20世纪80年代的中国空军虽然号称是世界第三大空军力量，但核心只是数千架歼-5，歼-6和少量歼-7、歼-8战机。1990年海湾战争，整体装备比中国先进的伊拉克空军在美军打击下迅速溃败，让中国空军又倍感压力。面对现代化战争的威胁和西方大国对我国主权的干涉，1989年，关系有所缓和的中苏双方，重启了中苏军事合作，原先一直处于完全中断状态的中苏军贸随之也重新拉开了帷幕。对我国空军

以色列"费尔康"预警机曾经是我国空军梦寐以求的"女神"

影响巨大的苏-27战斗机出口的合同也是在这一短暂的时期达成的。从20世纪90年代起，我国就开始按照授权生产合同，开始生产采用俄罗斯供应零部件的苏27SK战斗机，它的技术引进，让中国空军终于有了可以保护国家天空的利器。借此机会，我国开始试图从俄罗斯引进A-50型预警机，这款预警机虽然技术上比较老旧，跟踪目标和处理目标的数量都严重不足，但是它却是我国唯一能够获得的预警机，从20世纪90年代开始，我国就开启了从俄罗斯引进3架A-50预警机的谈判。

面对巨大的国防压力，我国是需要很多预警机的，而且预警机的引进往往伴随着人员培训、考察咨询、基地建设、地勤维护、保养维修、大改升级、零部件更换和储备等多项配套服务，这方面的投资远比一架飞机的价格更加高昂。对于没有任何预警机使用经验的我国而言，一旦购买了哪国的预警机，从今往后的技术人员培训和后勤维修，甚至是整个体系的建设都要依靠该国的技术来提供了，这无疑是极其被动的。就在此时，以色列掌握了谈判的先机和优势，他们拿出了"费尔康"预警机，这款预警机以波音707的机身为载体平台，在飞机的侧面和机鼻部位布置了3部雷达天线，雷达采用有源相控阵体制，可以说是当时世界上顶级的预警机。面对这样的产品，很少有国家能拒绝，而以色列人的热情使得我国一度相信，距离我们自己制造预警机已经不再遥远。此时我国已经放弃了整机引进俄罗斯的A-50预警机谈判，转为从俄罗斯引进3架A-50预警机的机身载体，利用其优越的载机性能，在背部加装以色列的"费尔康"预警系统雷达天线，形成我国独有的先进预警机，1996年，中以联合研制预警机的合同正式签署。

空中预警机具有极其重要的战略价值，如果获得它们，我国空军的实力将大大增强。而"费尔康"预警机系统具有多目标预警跟踪性能，可全方位监视陆海空区域，且性能先进，会大大提升我国的防空能力和周边地区的情报获取能力。1999年，俄罗斯对一架A-50预警机的机体进行了改造，预留了设备空间，飞赴以色列，这架飞机要在以色列完成"费尔康"雷

达的安装，完成后，这架预警机将会成为世界上最先进的预警机。不过，就在这架飞机刚刚降落在以色列机场的时候，却被美国人的侦察卫星侦拍到了。一直对我国怀有戒备之心，时刻提防我国崛起的美国，此时坐不住了，频频采取外交手段对以色列施加压力，要求其放弃对华预警机的交易。以色列一开始对于美国人的施压并不在意，不予理会。不过彼时以色列已经加入了美国主导的JSF"联合攻击机"计划，计划的目标是第五代隐身战斗机F-35，以色列急需要新型战斗机保持其对周边阿拉伯国家的军事科技优势。

美国人正中以色列人的弱点，他们强调，如果以色列执意向中国出售预警机，那么美国就会终止和以色列的JSF"联合攻击机"计划。以色列在中东地区之所以能够顽强生存，靠的就是美国和西方的援助，此时更不能放弃F-35战斗机。权衡之下，以色列选择了背弃对华协议。2001年12月18日，以色列正式宣布取消和中国签订的预警机合同。持续数年的中以预警机合作项目戛然而止，中国失去了获得世界最先进预警机的机会，

印度以伊尔-76为载机,装备以色列"费尔康"雷达的A-50I预警机

多年的预警机梦想,竟然以这种方式破灭。国人愤怒了,在以色列宣布取消合同的当天,我国就召开了记者发布会,当着全世界记者的面,严厉谴责了以色列的行为,由此导致了当时中以两国关系的下降。以色列自知理亏,但面对美国的压力也是无可奈何。

这一事件发生后,刚刚上任的以色列总理沙龙倍感压力,他们也知道他们的所作所为是违背公理的,他向当时我国的国家主席江泽民写信,对无法实现合同表达了歉意,同时退还了我国已经支付给以色列的1.9亿美元前期费用,还答应赔偿我国1.6亿美元作为补偿,合计3.5亿美元。沙龙为了缓和中以关系,在公开场合表示美国人的施压是错误的。以色列的区域合作部长佩雷斯在此后访华结束时,又代表以色列政府就取消对华出售预警机一事向我国政府表示了正式道歉。而原本打算出售给我国的,以A-50机体改造的"费尔康"预警机,则在2002年以20亿美元的金额被出售给印度。俄罗斯人看见我们外购以色列预警机失败了,又返回来推销他们的A-50"支柱"预警机。俄罗斯人说:"如果中国有需要,我们可以把自己使用的4架A-50不减配,直接销售给中国，让中国马上具备预警机系统的能力。"但是见识过最美丽风景的人，又怎能看得上普普通通的景色呢？看过了先进"费尔康"系统，我国对于俄罗斯装备了机械式扫描雷达的预警机早已经不再感兴趣，所以一口回绝了俄罗斯的推销。

一切都只能依靠我们自己。进入21世纪，我国经济飞速发展，创造出了举世瞩目的奇迹，经济总量跃居世界第二位，成为名副其实的经济强国，经济繁盛带动了高科技产业的发展，此时的我国工业系统已经今非昔比，在几乎所有制造业种类的产能中都位居世界首位，成为"世界工厂"。高新技术的发展，电子科技的进步，已经完全使我国拥有能力研发属于自己的一流预警机！

4.4 枝繁叶茂的我国预警机家族

21世纪初，我大型预警机项目的研制终于重新开始。计划的总负责人是我国著名的雷达专家王小谟院士。1938年11月王小谟出生于上海，当时正值抗日战争爆发之时，他从小就看着帝国主义的飞机轰炸中国的土地，致使无数人流离失所。当18岁的王小谟高中毕业时，他毅然选择了进入北京工业学院（现在的北京理工大学）学习，励志学好工科，制造先进的武器保卫国家。

1969年，大学毕业8年后的王小谟接到了调令，他和八九百人组成的一个团队要去建设一个新的研究所：电子工业部第38研究所（现在的中国电子科技集团公司第38研究所）。我国的预警机系统后来就是从这个研究所诞生的。彼时的王小谟带领科研人员投身我国防空雷达系统的建设，在他的主持下，设计了我国最早的三坐标防空雷达和低空搜索雷达，解决了雷达的数字化和精度问题。1986年，他凭借着优秀的工作能力，成为第

王小谟院士是我国的"预警机之父"

38研究所所长，1987年受到了时任国家领导人的邓小平的接见。

1996年，王小谟会同十多位专家前往以色列考察学习。在以色列，王小谟等人学会了先进的复合材料制作工艺和现代化的制造管理技术。彼时，以色列已经在20世纪90年代就用上了网络技术，使得预警机完全实现了网络化。当时以色列基于网络和总线的雷达结构拥有世界上最先进的理念，王小谟对此非常着迷，他坚持学习以色列技术，着眼于和以色列人同步研制，早早就做好了自己研发预警机的准备。当以色列在2000年撕毁合同时，同行的专家都很失落，甚至有人提出："这样的国际难题，研发个鬼！研发？不如直接买吧！不是有俄罗斯货吗?"但是王小谟却不这么想，他认为，通过与以色列的合作，我国也学习到了进入门槛的技术，而且我们自己也有之前研发的基础，也懂得自行设计。他认为我国的电子系统和样机凭借目前的水平完全可以做出来，为此他提出："我们当然可以从国外买，省时省力嘛！但是一旦战争真的爆发了，国外只要卡住我们几个零部件，我们买回来的预警机就成为摆设，我愿意立下军令状，如果研制不成功，我会提着脑袋来见！"当时的国家领导人也被科研人员的满腔热血所感动，提出："工业部门一定要争一口气，否则总是被别人卡脖子。"随即我国提出了自行研制预警机的计划。在立项后的第二年，我国就成功研制了地面样机，进入了设备联调阶段，又过了一年，地面的样机就飞上了天。当时军委领导看了后说："没想到你们能做得这么快，在我这次来之前，心里还在打鼓，现在看到落实了，也有十足的底气了。"就这样，关于购买预警机的论调就再也没人提起过，全国上下都立志于要建造自己的预警机。

王小谟院士先进事迹报告会

2006年，就在我国预警机研发的关键时刻，王小谟院士被查出身患淋巴癌，癌症侵袭着国家的栋梁，所有人都为之担心，然而王小谟依然坚持工作，带领科研人员下工厂、上飞机，甚至前往西北茫茫戈壁滩试飞现场工作。他的精神感动着所有的研发人员，也指引着大家为了一个目标前进，那就是研发中国人自己的预警机！2009年10月1日，在新中国成立60周年的阅兵仪式上，王小谟院士主持研发设计的空警-2000和空警-200预警机作为领航机傲然飞翔在天安门广场上空。站在观礼台，已经年过七旬的王小谟院士，无法控制自己的情绪，眼泪大颗大颗地掉了下来。2012年，国家将最高科学技术奖授予王小谟，并且将他评选为全国"百名优秀党员"之一。王小谟说："对于我们这一代人来说，报效国家是成长中最重要的信念，小学、中学接受的爱祖国、爱人民、爱科学、爱劳动、爱社会主义，这辈子都忘不了。而研发预警机最根本的原因，就是我想为国家争一口气！"

王小谟院士最伟大的成就就是主持研发了世界上最先进的预警机。这架预警机甚至比美国人的产品还要领先一代水平，可以说是达到了世界领先水平，这架预警机叫作空警-2000。什么是世界领先呢？王小谟曾经说过这么一句话："世界领先就是，国外要研发预警机之前，都得先看看我们中国的预警机是怎么做的，他们跟着我们学，跟着我们做，这叫作领先。"

空警-2000预警机，北约送其代号"Mainring"，翻译为中文是"主环"，意思是核心的环

每当提及空警-2000预警机，王小谟院士总是热情洋溢

节，它恰当地形容了空警-2000在我国空军的地位。这架飞机机长46.59米、翼展50.5米、机高14.76米，飞机空重为60吨，最大起飞重量可达190吨，由于载机和A-50一样都是伊尔-76，因此飞机的基础性能一致，不过发动机仍然采用的是4台D-30KP涡扇发动机，而非俄罗斯的PS-90发动机，飞机最大飞行速度可达850千米/小时，最大航程为5500千米，飞机自动化程度较高，可以容纳驾乘人员5人，雷达操作员和技术人员12名。

空警-2000预警机相对比其他预警机，最大的优势在于雷达系统上。这架巨大的飞机背负着由南京14所研发的三面电子扫描有源相控阵列雷达（AESA），该雷达工作在L波段，这一点和以色列的选择是一致的，至于为何不选现在流行的S波段，主要在于L波段雷达抵御杂波和精度更高，而且价格和结构也相对较为便宜，考虑到我国预警机的研制受以色列技术影响较大的原因，参考"费尔康"L波段雷达设计的我国预警搜索雷达，也采用L波段就更是顺理成章的事情了。空警-2000预警机由于采用了现代化的有源电子相扫雷达，因此从技术上就已经比采用脉冲多普勒体

制（PD）技术的机扫雷达要先进一个时代了，而这还不是全部。由于空警-2000预警机的三面有源相控阵雷达天线阵列分别安装在雷达罩内的不同方向上，呈等边三角形布置，因此这个世界上孔径最大的预警机雷达天线是不用旋转的，直接采用电子相扫就能完成方位扫描，在探测的速度、精度，跟踪的持续性以及反隐身目标能力上都有无可比拟的优势，这一点甚至要远优于以色列的原装"费尔康"预警机。

根据目前公开的资料显示，我国空警-2000预警机的雷达系统对高空目标的探测距离可达700千米，对于低空小目标的探测距离也有370千米以上，而且通过360°无死角的AESA雷达来进行全天候、全方位电扫探测，对于高速和隐身的目标也有100多千米的探测距离，在反隐身作战中有重大意义。除了雷达以外，空警-2000的机载任务系统还包括机载通信和数据传输系统，它由基本设备和补充设备组成，包括：超短波电台(最大通讯距离350公里)、短波电台(最大通讯距离2000公里)、K波段卫星通信站和内部通信系统。可保障预警机与作战飞机、其他兵种自动化指挥系统的计算机交换数据，此外，还可使机组人员与操纵人员相互交换信息。

飞越天安门广场接受检阅的空警-2000预警机编队

第4章 我国的预警机

根据王小谟院士的说法，空警-2000预警机也是一种网络化的预警机，它是我国三军综合数据链接下的一个网络作战节点，以此为基础可以实现较高的三军联合和诸军兵种协同作战能力，甚至有可能具备"联合接战"（CEC）作战能力，这一点比美国最早的网络化预警机E-2D还要早5年实现。可以说正是我国科研人员巨大的智慧，让我国的预警机站在了非常高的起点上。据2012年1月18日的国家最高科技奖颁奖典礼上透露，空警-2000预警机的研发过程中突破了100多项关键技术，累计取得重大技术专利30项。这款预警机是世界上看得最远、功能最多、集成度最复杂的信息化武器系统之一。我国著名军事专家杜文龙曾经表示："我国的预警机要比美国的E-3C领先整整一代。"这些较高的评价都是对空警-2000的恰当赞誉，被冠以"空中宙斯盾"的美誉。宙斯盾系统是一种以相控阵雷达为基础，综合了计算机处理器和垂直发射防空导弹以及照射火控雷达的先进对空作战系统，而称空警-2000为"空中宙斯盾"则是对其三面相控阵雷达覆盖全空域，构成无形"盾牌"的形象描述。

　　空警-2000预警机采用AESA相扫体制，不仅使得它的探测距离和精度成倍提高，而且提高了预警机作战的可靠性和稳定性。电扫描代替了机械扫描，在雷达的易损性、可靠性、维修性上有很大幅度的提高。比如，我国预警机的雷达如果有10%在作战中受损，其探测和指挥功能几乎不受影响；如果有30%遭到损坏，还能维持其基本功能，能探测数百公里，跟踪数百个目标，引导数十个批次的作战任务。这些都是采用AESA相扫体制的好处。机械扫描的雷达在这方面就存在一些差距，甚至就算是雷达完好，一旦机械旋转装置出了故障或者受损，预警机也会丧失所有功能，成为"瞎子"。

　　在我国，采用AESA体制的预警机也并非只有空警-2000一种，还有一种预警机叫作空警-200。这种预警机属于较小的战术级预警机，如果说空警-2000主要用于为军一级的战役作战行动提供支援，那么空警-200就是一种可以用于师、旅一级战术支援的预警机。在同一个战区内，空警-2000和空警-200也可以采用高低搭配互为补充的方式共同行动，空警-200雷达天线的布局采用了近几年在欧洲颇为流行的"平衡木"布置方式，在飞机的机背上背负着外观类似体操运动中平衡木一样的矩形雷达天线，这样做可以简化结构，也可以实现多方向的电扫描，是一种优良的布置相控阵雷达模式。但是这种方式也存在缺陷，因为它在预警机的机首和机尾方向各有一个方位扫描的盲区，因此在作战中通常需要沿着"回形针"飞行巡逻路线飞行，同时采取多机待命方式，互为补充。实战中，空警-200往往和空警-2000组成1+1或者1+2（1架空警-2000，2架空警-200）的分布式预警和指挥综合系统，形成强大的战区空中信息和情报处理体系，因此空警-200也是我国空军和海军航空兵部队不可或缺的重要装备。

与空警-2000不同，空警-200的载机平台采用我国自行研发的运-8运输机，这是一款4台发动机的中型战术级运输机，拥有较大的航程和机内空间，而且4台发动机提供了较高的飞行稳定性和安全保障，因此成为合

空警-2000预警机是世界上最先进的预警机，堪称是"大国之翼"

适的预警机平台。早先的空警-200被叫作运-8AEW预警机，这种命名方式类似于早期美国预警机，直接用载机加上AEW（预警机）的形式来命名。从尺寸上看，空警-200预警机长34.02米，比美国的E-2C略长，翼展为38米，飞机高11.16米，空重只有35吨多，最大起飞重量也仅有61吨，飞机的发动机采用的是四台国产的涡桨-6发动机，单发最大功率为4250马力。空警-200最大飞行速度为622千米/小时，这个速度是很慢的，比之空警-2000更是差了200多千米/小时，不过得益于运-8平台大航程的优点，在巡航速度下，空警-200有着5620千米的飞行距离，这一点要远远比同级别的欧洲和美国的预警机大很多，尺寸差不多的美国E-2C"鹰眼"预警机也只能飞行3000多千米。

由于系统较空警-2000更加简单和易维护，因此空警-200具有适合长期值勤、快速应急反应等优势。我国军队在2016年年底的东海空中军事演习中，遭遇了周边某国战斗机的干扰。彼时，我国紧急派遣两架空警-200升空，在事态萌发期就完全掌握了战区的空中优势，将敌对国家的挑衅行为快速掐灭，使其不敢轻举妄动。而空警-2000则在之后几个小时才升空，在反应速度上不如空警-200。因此，空警-200又是一种合适的国土防空预警机。它是我国自主研制，拥有独立的自主知识产权的预警机。该机经过了严格的试验、测试、试飞和试用，技术先进，安全可靠。空警-200可全天候、全疆域使用，能在粗糙、松软的野战机场或地面起降，适用范围宽；载油量大、小时耗油率低，续航能力较强；由于诞生较晚，因此空警-200的自动化和数字化水平更高，飞机大量采用了世界一流的人机交互技术，使用效能高，飞行信息感知清晰、明了；而且机组工作负荷较小，舱内环境适于人员工作，人机工效大大提高。

如今，我国自行研制的大型战略运输机运-20已经投入部队服役，运-20大型运输机从某种意义上说，就是用来取代伊尔-76运输机的，因

此其诸多的性能指标也都以伊尔－76为参考目标，不过得益于货舱面积的提升，因此其载重量还有所超

空警-200是一种典型的"平衡木"式预警机

出，运-20的最大起飞重量在200吨以上，最大装载能力达到了55吨左右，如能换装 WS-20 发动机，则还能进一步提升，达到拥有运输一辆99式主战坦克的能力。它的机长47米，翼展45米，机高15米，最大航程为7800千米，满载条件下的航程为4400千米，最大飞行速度达到了800千米/小时。这款我国独立研发的自主知识产权大飞机，比俄罗斯的伊尔-76更为先进，非常适合作为我国未来预警机的新平台，更适用于大量装备，可为我国航空工业创造巨额的利润，以推动我国科学技术和工业制造能力的进一步创新和大发展。与此同时，它可解决我国严重缺乏大型军用运输机的局面，解决我国大型预警机的基础平台问题。

以运-20为载机发展的新一代预警机目前已经浮出水面，其代号应该为空警-3000预警机，它大致上相当于将空警-2000的载机从伊尔-76换为运-20，由于平台更加先进，因此可以预计，空警-3000建成后将取代空

警-2000成为世界上最先进的预警机。我国还利用运-9运输机平台发展了空警-500预警机，它相当于一架缩小版的空警-2000预警机，也同样拥有三面相控阵雷达天线，可以实现全方位电子相扫。目前，空警-500已经开始进入试用阶段，未来将成为我国的主要预警机型号，从空警-500和空警-3000的研制成果能够看出，我国对于预警机的技术和系统已经驾轻就熟，且成果丰硕，进入了技术的成熟和收获期，进一步拉大了对世界其他国家预警机的技术优势，并成功实现了出口，为国家带来了巨大的战略收益。如今，中国的预警机已经站在了世界最中心的舞台上，吸引了各国艳羡的目光。

巴基斯坦是第一个购买我国预警机的国家，迄今为止，我国已经向巴基斯坦交付了4架预警机，由此成为世界上少有的独立出口全套预警机系统的国家。我国从一个需要依靠引进才能获得预警机的国家，变成了一个出口预警机的国家，这个过程，我们走了20年。

出口巴基斯坦的预警机是一种航程很大的远程预警机，叫作ZDK-03预警机，它的机身平台也采用了运-8运输机，但是和空警-200不同的是，它并没有装备平衡木预警雷达天线，而是和传统预警机一样，顶着一个蘑菇状的"大圆盘"。

ZDK-03预警机是我国按照巴基斯坦的要求研制的预警机，由我国独立制造，机上装备了有源相控阵雷达系统，电子设备运用了开放性设计理念，以方便以后进行完善和现代化改装，并装备所有履行远程预警机职能所需的设备。ZDK-03预警机采用运-8高新工程三类平台替代原来的运-8F-400运输机。运-8高新工程三类平台采用了国产涡桨-6C发动机，功率从后者涡桨-6的4000多马力提高到5000多马力，同时换装国产六叶复合材料螺旋桨，提高发动机效率，降低油耗和噪音。发动机功率的提高，提升了ZDK-03运输机的飞行、起降及巡航性能，特别是高原地区的作战性能，这对于在克什米尔这样的高海拔地区作战相当有利。

ZDK-03 的雷达罩从上面的横条型图案来看，配备的雷达可能还是采用的机械扫描雷达，美国E-3A预警机配备的APY-1雷达工作方式也差不多，方位采用机械扫描，高低采用电子扫描。ZDK-03的雷达罩直径为8.5米，厚度大约为1.5米，这些尺寸小于E-3A的雷达罩，后者雷达罩直径超过9米，厚度接近2米，因此ZDK-03雷达的天线尺寸小于APY-1雷达。该雷达采用的频率较高，因此波长就较短，天线相对尺寸就较大，同时天线的增益也较高，意味着雷达有较大的探测距离，考虑到大气传输的信号强度降低的问题，ZDK-03雷达应该工作在S波段，S波段的远程性能虽然小于L波段，但是其精度较好，是对空探测与引导雷达

先进的空警-500预警机已经交付我国空军和海军航空兵使用，其同样采用了第三代的预警机技术，雷达天线的布置方式也和空警-2000一致

从空警-1号到空警-2000,我国走过了一段不平凡的预警机研发历程。未来以运-20为基础载机的空警-3000,更会将我国在这一领域的研发推向高峰

的主选波段。ZDK-03采用的雷达为我国在20世纪80年代研制的第二代空中预警雷达，该雷达主要解决第一代下视能力差的缺点，采用脉冲多普勒体制。

在巴基斯坦空军服役的我国预警机，多次参加巴基斯坦军事演习，在最近一次海军演习中也有出场，标志着该机拥有着良好的下视能力和信号处理能力，堪称是当今世界上比较先进的预警机之一了。巴基斯坦购买了我国生产的FC-1"枭龙"战斗机和ZDK-03型远程预警机之后，空中作战能力取得了倍增，成为南亚大陆上不可忽视的重要力量。我国的预警机不仅能满足自身的国防需求，还能出口其他国家创造外汇收入，预警机工程可真是一个利在千秋的工程。

我国预警机家族的繁荣局面是以王小谟院士为代表的科研人员努力的结果，更是我国综合国力提升的有力表现，就像是王院士的那句话："预警机工程不是我一个人的工程，需要国家给予巨额资金投入，需要工业基础提供所有门类的零部件，要求基础设施的建设达到一定的水平，更需要坚决的领导和信心。预警机工程与其说是科研努力成果，倒不如说是国家实力增长的正常结果。"

第5章 飞行间谍：侦察机、电子战机

其实，在以前的预警机可以看作是一个放大的多功能侦察机，属于一种作战支援类武器，直到现在才发展成为国之重器，成为一种有着战略价值的核心主战装备。然而预警机脱离了辅助机种行列，总还需要其他的机型来充当支援性飞机吧？否则一般的勤务性侦察和干扰又由谁来承担呢？总不能每次都出动为数不多的预警机吧？

没错，在如今的航空支援武器中，还有电子战机和侦察机两个类别的飞机，可以担当起平时的战术性侦察和电子作战任务，它们的家族也很庞大，而且它们的未来殊途同归，都在朝向更加小型化、长航时、分布式、智能化的无人机系统方向发展。让我们先了解它们的历史吧！

5.1 电子对抗的时代

要了解电子战机，首先应该了解一下，什么是电子对抗。电子战指使用电磁能和定向能控制电磁频谱或者攻击敌军的任何军事行动，它包含了电子战支援、电子攻击和电子防护三大部分。电子战的作战对象包括雷达、通信、光点、引信、导航、敌我识别、计算机、指挥与控制以及武器制导等所有利用电磁频谱的电子设备，其作战目的是从整体上使敌方的信息系统、武器控制与制导系统陷入瘫痪，进而降低或削弱敌方战斗力，并确保己方电子装备正常工作，增强己方战斗力。

1888年，德国人海因里希·赫兹惊讶地发现电能以光速在空间传播信号，这就是所谓的赫兹波，也就是我们今天所说的电磁波。这一发现迅速引起高度关注，随之又有几个国家的科学家进行了电磁波及以军事为目的的电磁应用研究。1895年，英国皇家海军鱼雷学校校长杰克逊研制出一种设备，能将莫尔斯信号发射到100码以外的地方。两年后，意大利物理学家古列尔莫·马可尼展示了一种能在大约3千米距离发送和接收信号的系统，成为实用无线电系统的发明人。科学家们很快意识到这种无线电系统作用在军事上，特别是在海军通信方面有着重要意义。

日俄战争中，电子战第一次闪亮登场，图为画家描绘的日俄战争中被击沉的俄国军舰

19世纪初，干扰敌方的无线电通信还是一种全新的作战思想，但是在1904年爆发的日俄战争中，电子战以全新的形象正式登上了战争的历史舞台，在战争中使用无线电干扰，标志着电子战成为一种有着巨大潜力的全新战争手段。1904年2月，由于沙皇俄国和日本帝国的国家利益冲突，从而引爆了日俄战争，这是第一次敌对双方都使用无线电进行通信联络的战争。日军在其所有军舰上都安装了早期的无线电装置，这种原始的电子设备性能很差，只能用一个频率工作，通信距离勉强达到90千米。与日本一样，俄军在其远东地区的战舰上和靠近海军基地的许多地面站中也配置了无线电设备。

1904年的4月14日凌晨，日军的"春日号"和"日进号"装甲巡洋舰准备炮击龟缩在旅顺港内不敢出战的俄国军舰，但这些俄国军舰位于内航道，日本军舰在开阔的海面上是看不到的。为了提高射击精度，日军派出一艘小型驱逐舰停泊在靠近海岸的有利地点观察弹着点，用无线电报向巡洋舰报告射击校准信号。然而，日军发出的校准无线电信号被俄军岸基无线电台的报务员截获，该报务员意识到这个信号的重要性，因而立即用火花发射机对其进行干扰。日舰得不到目标位置信息，炮手只能盲目射击。结果，俄军舰艇在那天的战斗中无一损伤，日军则被迫提前停止炮击并撤出战斗。这次无线电干扰规模虽然很小，但却是电子干扰作战的初战成功。从此电子战开始崭露头角，在电子战史上表现出重要的价值。

1904年10月14日，罗泽斯特文斯基率领波罗的海舰队的59艘军舰，从芬兰湾的利耶帕亚港起锚驶向遥远的，位于西伯利亚东岸的海参崴港。他们进入大西洋，绕过非洲好望角，耗时200天，航程26000千米，历尽艰险，于1905年5月中旬进入东海海域。由东海进入日本海共有三条途径，最近、也最危险的一条是穿过朝鲜海峡，罗泽斯特文斯基没有与任何人商议，独自选择了这条最近的路线，毕竟俄国舰队在海上漂泊数月之久，如不尽快靠岸，舰上官兵就要受不了海上恶劣的生存条件了。

日军舰队由东乡司令指挥，几乎所有的舰艇都集结在朝鲜海峡南端的马山海湾，并已做好随时开赴开阔海域拦截敌舰的一切准备。日军舰队建立了严密的监视系统，作战计划的成败，取决于其提前发现敌舰及无线电快速报警的能力。也就是说，日军舰队的胜算完全依赖于其无线电通信网的高效率和高速度，否则俄军舰队就会逃脱。俄军舰队司令权衡了使用无线电的利弊，认为俄舰队的目的是顺利到达海参崴港，而不被日军发现和攻击，但如果使用无线电通信就可能因被日军侦听而泄露舰队位置。因此，他下令保持彻底的无线电静默。

1905年5月27日晚，浓雾弥漫，能见度只有1.5千米，2时45分，正在巡逻的日军"信乃丸号"巡洋舰发现一艘亮着航灯的舰船开来，但不能分辨其种类和国籍，于是便尾随跟踪。4时46分，大雾逐渐散开，"信乃丸号"已辨明这是一艘俄国医疗船，看到一长列俄军战舰距这艘医疗船只有 1 千米，他立即用无线电向旗舰上的东乡舰队司令报告。但由于设备性能太差，无法送达这个重要消息。就

在这生死攸关的时刻，俄军舰队也看到日舰正在与俄舰平行行驶，但是罗泽斯特文斯基仅仅命令舰队所有大炮对准日舰"信乃丸号"，并不下令开火。这时，许多俄舰都侦测到"信乃丸号"向其旗舰呼叫的无线电报警信号，俄舰"乌拉尔号"舰长对舰队司令不向前来挑衅的日舰采取任何行动十分不满，认为现在保持无线电静默已毫无意义，日军已经发现俄舰行踪，此时，沉默仅是掩耳盗铃，俄舰长便与无线电报务员商量干扰"信乃丸号"的无线电发射。俄军认为，只要发射与日舰频率相同的连续信号就足以干扰其通信联络，阻止其将观察到的俄军舰队情况通报给日军旗舰。"乌拉尔号"舰长及时用旗语向旗舰提出实施无线电干扰建议，但舰队司令罗泽斯特文斯却仅给予了简短的回答："不要阻止日舰发射。"结果正是罗泽斯特文斯基对无线电作用的错误认识，拒绝下级的正确建议，最终导致整个舰队一步步走向了覆灭的命运。

电子战在那时候已经登上了世界战争舞台，但是却没有发挥最关键作用，能够让电子战真正被人们重视还是在冷战时期。1965年7月24日，越南战场，北越部队装备的萨姆-2地对空导弹首次参战就击落1架、击伤3架美军F-4C"鬼怪"式战斗机。那时，美国空军对萨姆-2导弹系统的战术技术性尚知之甚少，更谈不上采取任何有效的对抗措施，为了避开萨姆-2导弹的攻击，美军只好采取低空侵入的战术，但低空进入正好落到越南高射炮的有效射程之内，导致飞机损失直线上升。到1965年年底，美国空军驻泰国基地的5个中队的90架飞机已损失了近1/3，这一度在美空军中引起恐慌。

　　美军的战场局势不断恶化，采取有效方式对抗萨姆-2导弹系统的威胁成为美国太平洋舰队部署在太平洋周边地区的空军最为紧迫的问题。此时，通过了几个月的电子侦察和战斗经验总结，美军逐步弄清了萨姆-2导弹系统的技术性能和战术运用情况，并克服重重困难，紧急研制了QRC-160-A1电子干扰吊舱，并于1966年2月，以最优先的资格，以"难管教的孩子"为代号，在埃格林空军基进行作战评估和战术编队试验。试验表明，这种电子干

在越南执行任务的美国士兵

扰吊舱及其编队方式对抗萨姆-2是有效果的。

    1966年6月，QRC-160A-l电子干扰吊舱被运到越南战区，但是却在泰国色软空军基地，意外地遭到美国空军第7航空队第355战术战斗机联队的冷遇。一个联队的作战处长说："我们没有时间学这新玩意儿，我得把炸弹丢到目标上去!"驾驶员们对此心存狐疑，因为他们不了解电子战的重要作用，所以不愿意在飞机下方挂上吊舱，怕影响飞机机动能力，影响轰炸效果。1966年9月，该联队开始挂装QRC-160A-l电子干扰吊舱，并采用规定的队形编队飞行，但由于吊舱数量有限，还不可能每架飞机都挂上吊舱。10月8日，美军攻击位于越南原溪的储油区。在这次具有高度危险的作战行动中，美军发现越南的地空导弹部队不攻击挂有吊舱并实施干扰的飞机，反而集中力量攻击没有干扰能力的其他飞机编队。这一消息在美国太平洋空军中不胫而走，指战员对干扰吊舱的态度立刻发生180°大转弯，甚至表示只要能降低飞机的战损率，愿意重新学习训练，特别是经常负责攻击危险目标任务的飞行员，纷纷要求挂装电子干扰吊舱用以执行高危任务。统计表明，在使用干扰吊舱前的6个月里，美军在越南北方被击落72架F-105战斗轰炸机，而在使用吊舱后的6个月里，尽管北越的防护能力不断加强，但美军也只损失了23架轰炸机，不足前6个月的1/3。

    《美国电子战史》的作者阿尔弗雷德·普赖斯在总结这段历史教训时说："不管电子战在任何关键时刻的作用多么巨大有效，不出10年，就会出现一大批相信只靠飞机性能和驾驶技术就能保证飞机生存的新一代驾驶员。"又说："经过一定时间，陆、海、空三军的组成将会发生重大变化，有经验的老一代人已经退役或转到其他工作岗位，不再使用他在战斗中所得的知识，而代替他们的人，除非参加战斗，否则，就根本不会拥有这些经验。因此，他们不得不从零开始重新学习。除非为他们装备电子战设备器材，否则他们很难像老飞行员那样战斗。"

信息化战争中，电子对抗更是必不可少的手段。图为我人民解放军的现代化电子对抗部队

近年来，积累了丰富实战经验的美国又出版了最新的《联合电子战》条令。这份条令将单纯强调电磁环境变为强调信息环境，将信息环境中的电磁频谱部分称为电磁环境。新条令明确把电子战界定为信息行动的5种核心能力之一，另外4种核心能力分别是心理行动、军事欺骗、作战防护和计算机网络行动。新条令认为，现代战争将在被电磁环境日益复杂化的信息环境中进行，要赢得现代战争必须主宰电磁环境。

新条令认为，发起电子战是为了使己方部队在电磁环境中拥有行动自由，并使敌人丧失这种自由。通过电子战控制电磁频谱时，做得好有利于作战，做得不好反倒会给己方部队带来负效应。在海外的军事行动中，电子战在战役和军事行动的全过程都非常重要；在支援本土防御时，电子战必不可少，很多情况下还是唯一可用的探测手段；在执行威慑任务时，电子战不仅能用于支援潜在的作战行动，还能作为核心信息行动能力之一发挥重要作用。

支援军事行动的电子战分为如下功能：控制，指对电磁频谱的控制；探测，指对战场电磁环境的监测；拒止，指对敌人通过电磁频谱接收到的信息的控制；欺骗，指迷惑或误导敌人；中断或降级，指干扰敌对电磁频谱的使用限制其作战能力；防护，指使用各种手段确保己方对电磁频谱的使用；摧毁，指消灭敌军电磁系统。电子战在战斗、战役和战争级都能发挥作用，电子战使空间控制和在空间的行动自由得以实现。电子战可从各种平台发起，如飞机、陆军车辆和部队、舰艇、空间卫星等。新条令强调了网络赋能的作战行动的优势，认为网络化部队的作战能力得到提高，决策速度得以加快，致命性、生存能力和反应能力不断增强。而全球信息栅格(包括战术通信系统)是网络化部队的基础，它对无线通信和空间节点的依赖很强。无线通信和空间节点易受电子战行动干扰，因此必须密切协调以避免冲突。

美军联合作战司令部司令拥有电子战参谋机构或电子战协调中心，新条令要求他们必须与作战司令部司令的战场网络行动控制中心和指定的联合频率管理办公室密切协调，还要求战场网络行动控制中心与联合特遣部队的全球网络行动相协调，以消除电子战行动对全球信息栅格可能产生的影响。

在现代高技术战争中，电子战已经发展成为一种独立的作战方式，是不对称战争环境中具有信息威慑能力的主战武器和作战力量之一。局部战争的实践表明，电子战是现代战争的序幕与先导，并贯穿于战争的全过程，进而决定战争的近程和结局。随着军事信息技术广泛应用于现代战争的各个领域，电子战作为现代信息技术广泛应用于现代战争的各个领域，电子战作为现代信息化战争的主要作战样式之一，其范围必将更广、规模更人、强度更高、进程更加激烈。电子战必将成为未来战争的核心和支柱，成为掌握信息控制权、赢得战争的关键。而航空器材的有效使用，则使得电子战这种新的作战方式变得更加灵活和快速。

5.2 电子战机和侦察机

第二次世界大战将电子战技术与装备的发展推向一个前所未有的高潮。电子战诞生初期，没有专用的电子侦察设备，只是利用现有的无线电台侦收敌方的无线电通信。

美国和英国都用轰炸机先后改装了几种专用电子侦察飞机，既可进行雷达侦察，也可实施通信侦察。如美军1945年使用的B-24"搜索者"电子侦察飞机装备了10种以上的雷达、通信侦察和记录，分析设备。电子战起源于通信干扰，但在第二次世界大战前和大战初期，也没有专用干扰设备，使用的是大功率无线电台，干扰效果很差，且多在地面或舰上使用。大战期间，英、美、德、苏都开始用实验方法研究干扰各种常规无线电通信信号的最佳样式，并开始装备专用通信干扰机。

英国和德国是雷达干扰发展最早的国家。1940年9月，英国建立了第一个地面雷达干扰站；1941年初，德国在法国、比利时沿海建立起若干地面雷达干扰站，以掩护其巡洋舰海峡突围。美国研制的首部地面干扰机"大喇叭"到1943年秋才开始服役，但其规模之大和技术之先进都远远超过了德国和英国的地面干扰机。

机载雷达干扰机服役稍晚于地面干扰机，在初期阶段，其技术水平和干扰能力都比较差。输出功率一般只有几瓦或十几瓦，工作频率范围在几十到几百兆赫，干扰带宽很窄，为了覆盖较宽的频段，往往需要几部干扰机以参差协调方式工作。根据侦察接收机测得的频率，由人工进行协调，改变频段靠更换电子管来实现。如英国1941年研制成功的"轴心"机载干扰机，工作频率为120～130兆赫，仅能干扰德国的"弗雷亚"雷达。美国1943年才开始生产机载干扰机，典型型号 "地毯"、APT-1 "黛娜"、APT-4"宽幅地毯"、APQ-9地毯等，这些干扰机生产了7000多部。

第二次世界大战中，电子对抗成为一种常见的作战方式，机载的小型化电子干扰设备也开始广泛地使用起来，为后来的电子攻击机诞生奠定了技术和实战经验基础。虽然那个时代的电子干扰都是简单且原始的，并不能在战争的进程中发挥最为关键的作用，但是它毕竟还是开启了新时代的大门。

电子战机中非常有代表性的产品就是美国的"野鼬鼠"系列。"野鼬鼠"任务原指压制防御系统的攻击机作战任务，执行这些任务最需要电子攻击机的支持，就像用手去拔刺，首先要给手戴上手套，防止扎伤一样，而用飞机去拔除防空导弹，则需要电子攻击机给攻击编队以无形的"电子防护套"。最早执行电子攻击任务的"野鼬鼠"飞机是F-86"佩刀"

越南战争中的美国F-4G"野鼬鼠"小队大出风头

战斗机的改进型，也被称为"野鼬鼠佩刀"。此后，美国又继续在F-105和F-4上面进行了"野鼬鼠"改造，其中最为有名的莫过于在越南战场出尽风头的F-4G"野鼬鼠"战斗机了。

美军一共把116架F-4E战斗机改型为F-4G"野鼬鼠"型电子攻击机，专用于发现、识别敌方地面防空雷达和地-空导弹阵地，这种飞机可以用反辐射空—地导弹攻击敌人的雷达站，配合其他战术攻击飞机完成任务。电子战F-4G"先进野鼬鼠"（WWV）原计划是在美国空军的90架F-4D机体上进行改造，在其头部的雷达罩内核垂尾顶上安置探测器座，在左前方的机腹导弹凹槽内安装一个机外的电子战吊舱，并按计划生产了两架WWVD样机，但是后来又决定将这个改进应用到F-4E战斗机的机体上。

改造计划由位于犹他州的希尔空军基地的美国空军奥格登航空后勤中心负责，内容包括拆卸掉20毫米口径整体式转管炮以便于给APR-38电子战吊舱腾出位置，安装其系统及接收机组分系统用的天线和安装后座舱内电子战军官用的设备。这种飞机的一个特征在于它的接收机组天线，包括其中的垂尾顶部的菱形天线罩和机背上的刀型天线阵列，同时还有其机头下方的凸出整流罩。F-4G式的改装使得这种派生型飞机成为空军所有"鬼怪"战斗机中最昂贵的一种。以1986年单价计算为530万美元，其中APR-38和其他电子战系统套件的价格就达到了280万美元，超过了机体本身的价格。这

拥有强大挂载能力的F-4G"鬼怪"战斗机

种改进型的电子战飞机1978年4月28日在希尔空军基地机坪上试飞。

最早一批的F-4G战斗机在1978年4月交付给第35战术战斗机联队的第39战术战斗机中队。新型的"野鼬鼠"战斗机迅速取代了原本的F-105和F-4C战斗机，首开了美国现代化电子战斗机的先河，与此同时也成为第一种美国海军航母舰载型的电子战攻击机，为此后美国研制EA-6B电子战攻击机和F/A-18E/F型电子战攻击机积累了丰富的经验。

配套这种电子战攻击机的武器叫作AGM-88A"哈姆"反辐射导弹，在F-4G战斗机的电子战吊舱压制了对方的防空雷达和防空导弹后，就会发射这种反辐射导弹，用以摧毁敌方的雷达和防空导弹系统。"哈姆"反辐射导弹又被称作高速反辐射导弹，它是由美国的德州仪表公司（现在已经被雷神公司合并）为主要承包商，为美国的海军和空军研制的第三代空地反辐射导弹，主要用于压制和摧毁地面、舰载防空导弹的雷达和炮瞄雷达系统。这款导弹于1971年在美国的中国湖发展中心完成了工程设计，1972年开始全面研发，1982年10月向美国海

"哈姆"反辐射导弹堪称是雷达的克星，图为EA-6B电子攻击机正在发射"哈姆"反辐射导弹

军交付。这款导弹在服役之后逐步取代了AGM-45"百舌鸟"导弹和AGM-78标准反辐射导弹。

这种导弹的战术使用非常灵活，早期的导弹是根据预先获得的目标信息进行编程，指令装订给导弹后再将导弹挂到机翼下的吊架上，后来进行了多次改进。根据作战环境的不同，可以采用高空、中低空和低空发射方式。当载机的告警接收机收到敌方雷达辐射信号时，计算机对信号进行分类与处理，确定优先攻击的顺序，并向驾驶员提示。在进行决策评估后，即可发射导弹。导弹可实施全向攻击，在水平面内进行180°的转弯。如果优先目标瞬时关机，导弹还可以进行机动，转而攻击次选的优选目标。而如果在飞行过程中目标关机，导弹还可以采用惯导系统按照关机前的最后信息攻击目标。这种导弹技术先进，飞行速度快，可以达到3马赫，比前一代的"百舌鸟"导弹和标准反辐射导弹更具有速度优势，且不易被发现、识别和诱骗。但是这种导弹的射程较近，不能实现防区外发射，载机与驾驶员面临的反制威胁较大，而且还不能实现智能攻击，其战术使用也比较受限制。

先进的电子干扰吊舱加上先进的反辐射导弹，F-4G"野鼬鼠"电子攻击机着实具备了令人惊叹的电磁压制作战能力。这一技术发展到现在，催生出了更加智能化，更加能够适应现代战争的EA-18G"咆哮者"电子攻击机。作为一款名副其实的电子战机，EA-18G拥有十分强大的电磁攻击能力。凭借诺斯罗普·格鲁曼公司为其设计的ALQ-218V（2）战术接收机和新的ALQ-99战术电子干扰吊舱，它可以高效地执行对面空导弹雷达系统的压制任务。

传统上电子干扰常发射比干扰目标功率更强大的电磁信号，以压制对方的通信信息为主要作战手段。电子干扰往往采用覆盖某频段的强烈干扰波束，以达到在不知道对方雷达频率的情况下，实现对其干扰的目的。但敌方雷达往往工作在若干特定频率，这样一来，传统的干扰方式就不可避免地将能量分散在较宽的频带上，就如同对着大街大声呼喊，以达到压制

EA-18G "咆哮者"是美军最新的电子攻击机

街对面某个角落里两个人交谈的目的，这样做付出的功率代价实在太大，且不一定成功，可能喊破了嗓子也达不到目的。

但是现代雷达大都具有跳频（FH）能力，这样的抗干扰系统出现之后，传统干扰方式已经无法有效应对每秒钟发射频率要跳动数次的电台和雷达了，就好像你朝着左边大声呼喊干扰他人对话，但是对方却忽然跑到了你的右边继续对话一样，你的干扰就失败了。因此干扰效果就不可避免地大打折扣，传统干扰方式已经无法适应现代的电子对抗模式了。美国是一个军事技术大国，力争夺取电磁信息控制权是其一贯的追求，于是他们投入重金研发了新型的干扰方式。

与以往这些拦阻式干扰不同，美国的EA-18G电子攻击机可以通过分析干扰对象的跳频图谱自动追踪其发射频率。采用EA-18G技术 可以有效干扰160千米外的雷达和其他电子设施，超过了任何现役防空火力的打击范围。安装于"咆哮者"机首和翼尖吊舱内的ALQ-

218V（2）战术接收机是世界上唯一一个能够在对敌实施全频段干扰时仍不妨碍电子监听功能的系统，这项功能被厂商称为"透视"系统。

全频段电子干扰，就如同你为扰乱两个人的谈话，特地搬来一个大功率的播放喇叭。这样虽然能达到干扰目的，但由于喇叭声音很大导致你也无法听到任何一方的言语。这个矛盾其实早在电子战出现的早期就已经出现了。1903年，美国海军舰队在演习期间，沿大西洋海岸设置了5部无线电台，并有5艘舰船装有无线电设备。美军将演习舰队分为两组：一组为"白军"舰队，代表敌舰，模拟在新英格兰海岸的登陆行动；另一组为"蓝军"舰队，它要争取在白军接近海岸前与之交战。"蓝军"舰队中有4艘舰装备无线电设备，对白军的接近提供报警信号，构成一道警戒线。白军舰队中只有一艘"得克萨斯号"装备了无线电设备，任务是负责干扰对方的观测报告，防止"蓝军"接近。正当"得克萨斯号"上的报务员侦听到对方开始发报，准备接通电子干扰键进行干扰时，舰上的一位上尉指挥官对他说："不，不要干扰，我要整理整个报文。"报务员只好服从。等到对方发报结束后，那位上尉说："你现在可以干扰了。"报务员说："先生，用不着了，电文已以每秒30万千米的速度逃脱，我们怎么也追不上了。"结果，此次行动以这位报务员被关禁闭告终。以现在的眼光看来，这位报务员无疑是被冤枉了。这是有记载的侦听与干扰之间产生矛盾的第一个实例。这一矛盾此后被军方重视起来，究竟是干扰还是侦听，真真地困扰了军方上百年，真可谓是个世纪大难题了。

但诺斯罗普·格鲁曼公司的ALQ-218接收机子系统却能做到既可以进行电子干扰，打断对方的交流，同时又可以听清他们说话。而且EA-18G还具有相应的INCANS通信能力，即在对外实施干扰的同时，采用主动干扰对消技术，保证己方甚高频（UHF）话音通信的畅通。这项技术在美军中也是首次应用。

以运-8飞机为平台的我军电子情报飞机，可见其机鼻部位和机身上的灰色传感器天线，这代表了它具有多种手段的电子干扰和侦察能力

由于电子对抗能力强，EA-18G甚至成为美国空军中第一款可以击败F-22战斗机的飞机，F-22"猛禽"战斗机曾是世界上第一种，也是最先进的一种第五代隐身战斗机，曾经创下在各种模拟空战中击落144架美国的先进第三代战斗机，而自己竟无一损失的神话，被称为是"不可战胜的神鸟"。但是EA-18G"咆哮者"电子攻击机在2009年2月的一次美国军事演习中，凭借着其先进的电子干扰技术，一路压制着F-22战斗机的远程探测雷达，将空战拖进了近距离格斗阶段，然后发射了AIM-120空空导弹将其击落。众所周知，第五代隐身战斗机在空战中最主要的优势就是依靠其低空探测的设计，降低对方雷达的发现距离，并且令其火控雷达难以锁定自己。第三代战斗机如果想要战胜第五代战斗机，只有将空战拉到近距离格斗阶段才有机会。EA-18G"咆哮者"电子攻击机不但装备了新一代电子对抗设备，同时也保留了原来F/A-18E/F战斗机全部的武器系统和空战能力，因此其先进的设计使得其无论在广阔的大洋上空，还是在陆地环境中使用，都可以很好地进行电子攻击（AEA）的任务。所以它堪称是世界上战斗能力最强的电子战机，也是电子干扰能力最强的战斗机。

美国人有先进的电子战机，我们中国人当然也不能落后。我国的电子战机主要依靠的是运-8高新系列电子战机，这些电子战机同时也承担了电子侦察机的任务。高新（GX）工程，是为空军研制的电子支援侦察飞机，主要通过在运-8上加装电子支援侦察系统和合成孔径雷达，使之可以承担战场探测和对地精确成像以及电子攻击干扰等任务，为攻击机提供目标指示和引导支援。高新（GX）工程是我国电子战能力的中坚力量。

运-8高新系列飞机中，高新-1、高新-2、高新-3、高新-5、高新-8和高新-11都属于电子战机，其中最先进的当属高新-8和高新-11了。以高新-8为例，它以运-9运输机（运-8运输机的改型）为运载平台，改进了发动机和螺旋桨，在飞机鼻部增加了雷达，机身有多处天线整流罩。高新-8电子情报飞机能够为飞行编队的指挥员提供有关敌方军事力量战术态势的实时信息。它可以在公海海域为己方人员提供相关情报，机组人员可以通过对情报数据的分析确定侦察区域的战术环境，并将相关信息尽快传送到上级领导机关，以便各级决策者可以针对关键性的进展情况做出决策。该机的主要任务是实时侦测空中各种电磁信息，对辐射源目标进行定位、分析、记录和信息处理。其先进的机载雷达侦察系

正在试飞的我军
歼-16电子战型飞机

统可以搜集预警、制导和引导雷达的频率等技术参数，并对其进行定位。

世界上各种雷达参数都在其测量范围内，其测量精度相当高。机上的通信信号侦察系统可侦察到音频、电传、电报等信号。据称，该机如果在1万米高度飞行，可侦测到600～800千米距离的电台，自动记录所侦测到

翼下挂载有电子干扰吊舱的我军"飞豹"战斗轰炸机

的电子信号，并通过压缩通信传给地面站或返回基地进行处理。对特别重要的信息，它可以通过监听手段直接形成情报，及时报告给地面指挥官。机上还有红外探测器和前视雷达，探测距离高达300千米，可在一定距离内分辨出数米长的物体。更重要的是，该机在精确分析、定位敌方的各类电子设备参数以后，就可以根据战场需要，及时对其进行相同频率、相同波段的干扰。如果需要，还可以放大其所发射的信号，使得敌方的电子设备被烧毁或者根本无法正常工作，也可以对敌方电子设备发送大批虚假信号，以干扰或迷惑其正常工作。高新-8可以说将电子侦察和电子干扰融为一体，在某种程度上具备了美国EA-18G电子攻击机的先进功能。

现代战争中电子战已经成为重要的作战形式，通过电子战可以有效阻止对方利用电磁频谱，让对方不能有

效获得、传输和利用电子信息，干扰其指挥控制体系和精确制导武器的使用。以运-8为基础的电子战飞机有多种，包括类似美国RC-135的两侧带有大型天线阵列的空军型，有类似苏联安-12P的海军型，这些飞机的装备，提高了中国军队的电子战能力。2015年初我国通过网络曝光了高新-11，这一飞机的诞生令人深感欣慰，使国人有理由相信，我国仍然在努力地抢占未来信息化战争的制高点！从机身上的大量共形天线来看，该机很有可能是空军的第二代电子对抗机，也是高新电子战机系列的后继者，我们完全可以相信，高新-8、高新-11电子战机会成为世界上最一流的电子战机。

我军的YJ-91导弹具有一定的反辐射作战能力，它是我国电子攻击机对抗雷达的良好武器

除此以外，我国也开始研发类似于美国EA-18G"咆哮者"一样的电子战斗机，以完善自己的空中防御压制力量，构建自己的"野鼬鼠"小队。其载机平台选择了我国国产的歼-16重型战斗机，平台性能要优于美国的EA-18G战斗机。为了使之具有电子攻击能力，科研人员为歼-16电子攻击机的机翼末端加装了两部电子战吊舱设备，并在飞机表面布置了更多的刀型传感器天线。军迷们亲切地将其称为"咆哮石榴"攻击机。除了"咆哮石榴"，我国还为海航和空军大量装备的FBC-1"飞豹"战斗轰炸机装备了

电子战吊舱，使之成为可以单独执行火力突击任务的先进飞机，让这款诞生在20世纪90年代的老飞机焕发了新生。电子攻击战斗机可以跟随整个攻击机编队行动，具有作战灵活度高、速度快的特点，且自卫能力和攻击能力强大，这些优势是传统的大型电子战机不可比拟的。譬如，歼-16电子战机就可以和其他歼-16战斗轰炸机一起，以同机编组的模式伴随行动，可以同时出现在同一区域，在执行电子压制的同时，还可以进行火力突击。但是运-8高新机却只能在攻击机编队后方单独行动，危险度较高，需要其他护航机的伴随保护，作战灵活性就差了一些。

由于国产电子战吊舱和电子战斗机的出现，使得我国成为了继美国之后世界上第二个装备了专业电子攻击战斗机的国家。这为构建攻防兼备、积极防御的空军作战力量，奠定了坚实的电磁信息作战基础，更使我国空军整体作战能力跃居世界前三位。

除了电子战机，航空支援类飞机还包括一种机型，那就是侦察机。现代侦察机和预警机不同，预警机虽然也能执行侦察任务，但它们并不是现代战争要求的侦察机。侦察机没有预警机上装备的预警搜索雷达，因此造价较低，结构比较简单；它也没有指挥和雷达信息处理单元，因此机体空间的要求也不高。但是现代侦察机也有其独特的性能需求，比如要求高空、高速、隐身等新型能力，以保证长时间安全地执行纵深侦察任务。

由于国际法是不保护间谍的，因此一旦侦察机被击落了，飞行员就会直接被敌对国处以刑罚，因此世界各国对侦察机的使用和研发都是非常慎重的。由于现代侦察机多属于高空长航时的纵深侦察机，时常需要飞越敌对国的领空，而这在和平时期却又被看作是侵犯他国主权的行为，所以关于它的研发和使用都显得更加敏感。世界上名气比较大的现代侦察机，比如U-2就是一种以高空和长航时见长的纵深侦察机。

1954年年初，冷战双方的核对抗刚刚拉开序幕，美苏双方剑拔弩张，

U-2高空侦察机曾经是一个不可拦截的神话，如今它却已经显得非常落伍了

随时有可能爆发大规模的世界大战。当年的12月，美国总统批准了中央情报局局长杜勒斯提出的研制30架新型侦察机的计划。打算用这种新型的侦察机飞到苏联的领空去侦察苏联的情况，以便在苏联进行军事行动时可以迅速地做出反应。

洛克希德·马丁公司为此召集了全美国最好的飞机设计专家，希望能设计一种可以在20000米高空飞行的侦察机，以避开苏联人的各类防空系统的攻击，设计完成后的新式侦察飞机更像是一个周围装备了照相机的风筝。这架飞机以喷气滑翔机为设计原型，以XF-104原型机的机身和尾翼为基础，作为新型高空侦察机的主要机体结构，翼展长达21.54米，机翼展弦比为10，这架测试飞机的飞行高度可达22250米，足以避开当时苏联各种高射炮、导弹和战斗机的截击；任务半径为3200千米，有效载荷为270千克；发动机采用通用公司刚刚研制出来的J73发动机。

设计的方案得到了美国总统的关注。艾森豪威尔决定发展高空侦察力量，及早探知苏联核武器的发展情况，以谋求战略上的先发制人。他于1954年11月24日批准了该项目，并把计划的主导权交给了美国中央情报局，美国空军也正式将洛克希德的新飞机命名为U-2侦察机（U指多用途）。

U-2高空侦察机由于飞行高度太高，因此飞行员需要和宇航员一样身着抗压服来保护自己，20000多米的飞行高度也堪称是在

起飞中的U-2侦察机

"宇宙边缘"飞行了。但是飞得这么高，却并不代表看不清楚地面。U-2飞机上携带了8台照相侦察用的全自动照相机，胶卷的长度可达3.5千米，可以将200千米长、5千米宽的范围内所有的景物拍摄出4000张高清晰照片。

苏联毕竟也是个超级大国，军事力量和外交实力远非其他国家可比，美国人虽然手执利器，但是也不敢轻举妄动。在艾森豪威尔总统没有最终决定对苏联进行高空侦察之前，美国人首先派遣U-2侦察机对苏联周边的东欧国家进行了多次试探性侦察，毕竟东欧诸国多为苏联"盟国"，了解他们的军事部署也是有价值的。这些试探性侦察飞行虽然获得了成功，但还是被东欧诸国的地面防空雷达发现了。由于东欧国家也无法判明这架飞机的型号和国籍，所以最终

由于飞得实在太高，U-2侦察机的飞行员需要和宇航员一样穿着"航天服"

也没办法发出外交抗议或者照会，如果万一是苏联老大哥的飞机呢？苏联是一个有大国沙文主义做派的"家长"式大哥，他们有时候也会不尊重盟友们的主权，发动一些军事行动，所以在判明不了侦察机国籍的情况下，东欧国家并不敢轻举妄动。

虽然U-2侦察机测试成功的消息传来，可是艾森豪威尔总统依然不批

我国曾公开展示过被击落的美军侦察机残骸，其中就包括U-2飞机，这证明了我国有能力保卫自己的领空

准飞越苏联上空的侦察计划。在等待的过程中，U-2也没有闲着。1956年7月2日，2架U-2分别对捷克斯洛伐克、匈牙利、罗马尼亚、保加利亚、东德、波兰和罗马尼亚进行了侦察，U-2飞机拍摄的照片非常清晰，而且和往常一样，这些国家并没有能够对抗U-2侦察机的手段。美国人感觉到了一种自信，种种迹象表明，对苏联进行越境高空侦察的时机已经成熟，美国空军已经跃跃欲试，想要好好地展示一番力量。1957年5月6日的一次会议上，艾森豪威尔总统公开答应了军方想要大胆尝试侦察苏联的计划，U-2侦察机从此可以对苏联的边疆地区进行侦察。1957年7月8日，一架从美国阿拉斯加埃尔森空军基地起飞的U-2侦察机对苏联远东地区进行了侦察，这是U-2首次从美国本土起飞执行对苏联的侦察任务，同样没有受到苏联的威胁。

在U-2刚刚开始执行对苏联高空侦察任务的早期，苏联人并没有办法击落这种侦察机，因为它飞得实在是太高了，苏联的防空导弹、高射炮和截击机都够不着它，但是苏联人的雷达却能探测到这种飞机在飞越苏联的领空，这让同样是世界超级大国的苏联恼火不已，因为苏联人只能眼睁睁地看着别人肆意侵略领空却又无可奈何。为此苏联铺开了远程高空区域防空导弹的研制，同时展开了高空早期预警雷达网的建设。

最早能够射击到高空飞行的U-2侦察机的导弹叫作萨姆-2防空导弹。1960年5月1日，一架从巴基斯坦白沙瓦附近机场起飞的U-2侦察机开始对苏联进行侦察，和往常一样，飞行员穿好抗压服，自信地钻进了机舱，然而不寻常的事情发生了，这架飞机被苏联防空军的S-75防空导弹（北约代号萨姆-2防空导弹）在斯维尔德洛夫斯克击落，飞行员加里·鲍尔斯被俘，此事震惊了全球。美国人选择五一国际劳动节对苏联进行侦察是相当愚蠢的，虽然这天苏联防空军的值班人员可能不是很多，但空中执行任务的苏联军用飞机同样也很少，苏联的雷达可以轻易地在相对"寂静的天空"中发现并跟踪U-2侦察机。U-2在苏联上空被击落，鲍尔斯被俘使毫无准备的美国陷入极其难堪的境地，于是美国人自觉理亏，在"鲍尔斯事件"后，美国彻底停止了U-2侦察机对苏联地区的飞越侦察活动，只是继续进行对南美和中国等国家的侦察。而我国也在几次击落U-2侦察机之后，彻底打破了美国这种高空侦察机的神话，U-2的传奇也到此为止了。

北京军事博物馆展示的美军U-2侦察机残骸

除了美国以外，我国和俄罗斯等国也大量装备了现代化侦察机。我国除了运-8高新系列电子战机和电子侦察机之外，还大量装备了一种从图-154客机的基础上改进而来的大型侦察机，这种侦察机是目前我国出勤率很高的一款飞机，在保卫祖国领空和领海的斗争中时有出现，特别是在东海方向的钓鱼岛上空，图-154侦察机更是日本空中自卫队和海上自卫队的大敌。2013年11月16日和17日，图-154侦察机B-4015号机连续两天飞抵钓鱼岛以北约150千米的空域，航空自卫队战斗机紧急升空应对。海军军事学术研究所研究员曹卫东在接受媒体采访时表示，图-154此次飞行是为宣示中方主权，展现维护钓鱼岛安全的信心和决心，同时也透露了我国维权的新手段，日本人对这种飞机可以说是又恨又怕。

我国空军的图-154MD 侦察机从外观上看，加装了多个雷达罩、天线和电子战设备，装备了一部合成孔径雷达系统，该系统与美国空军 E-8 "联合星" 联合监视及目标攻击雷达系统相似。

图-154 侦察机的机组人员包括 3 ~ 4 人，飞机全长 48 米，翼展达 37.55 米，机翼面积为 201.5 平方米，飞机高 11.4 米，最大起飞重量

在东海上空执行电子情报搜集任务的图-154 侦察机

为 104 吨，空重 55 吨，能以 950 千米/小时的高速飞行，最大航程可达 6600 千米，可以飞行在 12100 米的高空。对于一架客机而言，这一数据并不是多么优秀，但是对于一架军用的侦察机来说，这一数据绝对算得上漂亮了，它完全符合高空、高速、大航程的要求，也有很大的机内空间用于搭载军用侦察设备，总体上属于世界先进的侦察机型。

作为仅次于美国的军事强国，俄空天军是俄罗斯武装力量的组成部分，也是空防一体化大空军。它有一种非常先进的侦察机，叫作图-214R 型侦察机。图-214R 侦察机一直非常低调，迄今为止对外透露的信息

也非常少。直到2012年5月24日才首次被一名俄罗斯摄影师拍到，也就是在同一天，该机的图片出现在俄罗斯网站上。公开的这架图-214R的注册编号为RA-64511，由喀山飞机制造厂生产。该机最大起飞重量110.75吨，比图-214多1吨。据希腊"红星"网站介绍，研制它的整个项目代号"分数-4"，始于2002年，由俄国防部启动，计划研制2架原型机。第一架原型机于2009年12月首飞（可能未加装任务系统），计划今年完成试飞任务，第二架飞机计划在2014年交付。据披露，该机机体分为三部分，第一部分是系统操作员舱；第二舱段为通用舱；第三舱段为电子装备舱。电子装备舱携带MRC-411多用途情报载荷，包括电子情报传感器、PTK-MPK-411多频率雷达系统和"片段"高分辨率光电系统。"片段"系统安置于飞机底部，它能提供所选区域的实时情报（包括红外和可见光图像）。

西方情报界分析，该机将作为空基指挥所使用，类似于美国E-8"联合星"，或被用于大规模电子信号情报搜集工作。实际上，这两种说法对于这种飞机来说都有可能，但是更加侧重于电子侦察，利用机载合成孔径雷达对地面目标实施侦察恐怕只是副业。从外观上分析，该机在天线数量、种类方面和美国的RC-135非常相似，只比RC-135多了后机身侧面的2个天线整流罩。然而RC-135的机鼻大型整流罩内背靠背地安装了2个大型天线。因此，两种飞机的大型侦收天线数量应该是相同的。利用这4个天线进行信号情报侦察（对无线信号进行监听、截获和破译）和电子情报侦察（主要针对雷达信号），基本上能够覆盖目前所有的通信和雷达频段。由曝光的图片可见，前机身下部有一个桶形整流罩，前方有一个半球形探测装置，该装置疑似"片段"红外扫描系统，可以探测敌方导弹发射以及对地面目标进行红外侦察。在机尾下方的整流罩则很可能是侧视合成孔径雷达。俄罗斯派遣俄空天军在叙利亚执行轰炸任务期间，俄罗斯曾经数次派遣图-214R侦察机执行战场监视和目标标定任务，取得了丰富的实战经验。

5.3 电子战机和侦察机未来的发展之路

虽然世界上还有很多专业的电子战机和侦察机，而且性能功能强大，实战经历丰富，似乎这些飞机仍然"宝刀不老"，是一种前途光明的机种。然而近年来，随着智能化和网络化科技的进步，电子战机和侦察机正在越来越多地被同样的一种飞机取代，那就是无人机。

无人机发展领域是美国的国防高级研究计划局（DARPA）挑选的，由美国未来重点军事技术领域予以投资。DARPA 是引领美国国防科技创新的核心机构之一，自1958年成立以来，它采取灵活的组织管理方式，持续推进前沿技术研发，在防止美国的军事对手采取技术突袭、确保美军技术领先方面做出了突出贡献。近年来，DARPA 通过一系列调整改革强化业务管理，提高技术创新能力，为正在实施的美军第三次"抵消战略"提供了强有力的支撑。

2016年4月12日，DARPA 的局长阿拉提·普拉巴卡尔出席了当日召开的"回顾2017财政年，国防授权请求中的国防部技术抵消倡议战略与实施情况"听证会。普拉巴卡尔在会议中介绍了支持"第三次抵消战略"的两类研发项目：一类是对抗下一代敌人的下一代技术项目，另一类是支持美国在更远时间范畴内保持竞争优势的基础性技术项目。而这两类项目中都包含了无人机发展项目。

DARPA 认为，未来的军事科技，应该向着分布式、智能化、网络化、无人化、隐身化以及定向能精确武器系统方向发展。首先就是分布式作战的技术，这是美军着眼于未来强对抗环境而提出的新作战构想，其主要思路就是要将昂贵且大型化的技术装备的作战功能，细分为数个不同的

逐步取代传统侦察机的美国"全球鹰"无人侦察机

子项目，在大量的小型化作战平台上分解。无人机可以通过专机专用和多机组网处理信息等方式，将传统的电子战机和侦察机的功能拆分为多个模块，并且由不同的多架无人机分别承担不同模块的任务，比如将电子窃听和红外成像侦察技术分别装备到两架不同的无人机上，以实现分布式平台的要求，这一点是未来的发展趋势。通过自主、协同等技术，使多种小型无人机组成的侦察干扰网络，达到与传统电子战机和侦察机相同或者更高级别的作战能力，使之具备任务成本低、任务弹性大、可根据不同任务自行搭配、维护和更换便捷、作战灵活性高等特殊优势。

DARPA 目前正在寻求通过分布式的作战体系、干扰系统等技术对抗敌方先进作战网络和敏捷系统的方式，实现关闭敌方遥感、先进干扰措施和欺骗措施的目的。目前，其正在重点发展空中发射回收、开放式系统架构、协同作战、战场管理等重点领域，开展了分布式作战概念的支撑性技术研究。诸如"小精灵"无人机集群系统、"体系集成技术试验""拒止环境中的协同作战"及"分布式作战管理"等项目，项目强调自适应电子战行为学习能力，在发现一种敌方电子战手段后，可以在系统处理计算机中储存记忆，在第二次遇到此种作战手段时，无人机可以采取更加有效和成熟的手段去对付。同时还强调多节点分布式的体系运作能力，这对于网络化和数据链有较高要求。

在DARPA所倡导的领域中，无人机几乎符合未来军事作战装备的所有要求。无人化、网络化、分布式、智能化、隐身化，这些特征无人机全都有。其实早在美国的"第三次抵消战略"实施之前，美国人就已经在无人机领域有了长足进展，而且无人机也逐步取代了电子战机和侦察机的地位。典型的例子就是美国的先进长航时无人机——"全球鹰"。

"全球鹰"无人机在1998年2月首次试飞，它是由美国的诺斯罗普·格鲁曼公司研制的，代号为RQ-4A，它目前是美国乃至世界上最为先进的高空长航时无人机。"全球鹰"无人机飞行距离很远，可以在一个目标的上空巡航长达42个小时之久，以便于进行不

飞行中的"全球鹰"无人机，其圆滚庞大的机头为电子设备的安装提供了足够的空间

间断地长时间侦察。2001 年 4 月 22 日，它还完成了从美国飞越太平洋到澳大利亚的壮举，这是无人机系统首次完成这样的飞行，它代表的不仅仅是无人机自身的动力和燃油系统的先进性，更代表了航电和指挥控制系统的进步。

"全球鹰"无人机的部署也非常灵活，它的地面控制站和支援舱可以由一架大型运输机携带，"全球鹰"则跟随大运输机一起飞行，这样一个全套的"全球鹰"无人机加指挥控制系统能够在 24 小时之内部署到全球任一美军基地之中。"全球鹰"无人机性能强大，它的体积也很大。这架无人机机长可达 13.4 米，高 4.62 米，翼展达到了 35.4 米。即便是一架有人驾驶的军用飞机，这个尺寸也够得上中型飞机的级别了，这架飞机的翼展长度甚至超过了波音-747 客机的翼展长度。它的最大飞行速度为 644 千米/小时，航程可达 25000 千米。它可以从美国位于太平洋中部的夏威夷基地起飞，飞到我国沿海地带执行侦察任务，还可以在一天之内飞回到夏威夷基地。这一洲际飞行能力可以说是绝无仅有的。

同时，这架飞机可以自主飞行 36 个小时，智能化

我国也研发了很多种高空长航时无人侦察机，体现了打赢现代战争的能力和决心

和自动化水平相当高。作为一款侦察机，"全球鹰"无人机可以携带光电、红外传感器系统以及合成孔径雷达等多种传感器。光电传感器重量为100千克，工作在0.4~0.8微米的可见光波段；红外传感器工作在3.6~5.0微米的中波红外波段；合成孔径雷达则工作在X波段，重量为290千克。在一次侦察任务飞行中，"全球鹰"无人机可以进行大范围的雷达搜索，能够提供7.4万平方千米范围内敌人目标的光电或者红外雷达图像。而且，"全球鹰"无人机可以在20000米的高空工作，在这样的高度之下，其搭载的合成孔径雷达可以获取条幅式的侦察照片，精度可以达到1米级别，定点侦察的照片则可以达到30厘米的分辨精度。而对于那些以2~200千米/小时行驶的地面移动目标，比如装甲车辆或者汽车，其探测的动态精度为7米。它装备的大直径合成孔径雷达能够穿透云雨、沙尘暴等恶劣气象，可以实现全天候作战能力。

除此之外，得益于美国网络化军事系统的构建，"全球鹰"无人机也理所当然地成了美国大量的战场网络节点之一。它可以与现有的"联合可部

我国已经实现了"察—打一体"无人机的出口，图为伊拉克使用我国出口的彩虹-4无人机执行军事任务

署智能支援系统"（JDISS）和"全球指挥控制系统"（GCCS）链接，侦察图像可以直接而且实时地传递给地面指挥中心，以供指挥官决策。这架无人机还可以实现卫星通信，进行雷达图像的分布式传播，可以依托海、空军通信控制系统，将雷达原始图像传递给多个友军作战平台，实现战场的实时监测和预警。

"全球鹰"无人机虽然刚刚出现不久，却已经历了实战的检验。在伊拉克战争之前，为了减少作战人员伤亡和飞机的损失，美军一开始就使用"全球鹰"无人机进行高空全天候侦察了。美军空军作战司令部主管约瑟夫·斯坦因少将就曾经说："自由伊拉克行动中，美空军使用"全球鹰"提供的目标图像情报，摧毁了伊拉克13个地空导弹连、50个地空导弹发射架、70辆地空导弹运输车和300个地空导弹发射箱以及300辆坦克。"由"全球鹰"引导攻击，而被击毁的伊拉克坦克，占到了伊拉克战争中伊拉克坦克损失量的38%，美国空军用于打击伊拉克防空系统的55%的敏感目标数据，都是由"全球鹰"无人机提供。无人机已经体现出了巨大的作战价值和潜力，它具备有人侦察机所有的功能，可以执行有人侦察机执行的所有任务，还可以节约宝贵的飞行员资源，同时避免使用飞行员执行诸如纵深战略侦察一类的政治敏感任务，以防止飞行员被俘虏后遭受不公待遇，并避免国家外交陷入类似于"U-2飞行员鲍尔斯被俘事件"影响下的被动境地。它取代有人侦察机只是时间问题。

除了美国以外，作为东亚地区的军事强国，我国在无人机系统上也有长足进步，已经研制了系列长航时"察—打一体"无人机，而类似于美国"全球鹰"的我国国产高空长航时无人侦察机也已经服役。

从美国国防科技高级发展计划局（DARPA）总结出来的未来军事科技发展重点的几个方面来看，网络化、智能化、无人化、分布式、定向能等特征是未来军事科技发展的方向。在这些先进领域我国也都有所涉足，而且在新一代的战略战役级的武器系统上，也有显著进步。以无人作战系统为例，我国的无人机技术发展迅速，产品种类丰富、齐全，很多优秀产品已经远销其他国家，并且在多次实战当中有过精彩表现。

比如前些时候在伊拉克，还有中东其他国家在实战中大放异彩的彩虹-4察—打一体无人机，这是中国航天科技集团公司在彩虹-3无人机基础上研发的一种无人驾驶飞行器，它在彩虹-3的基本系统上更新了气动设计，使得飞行距离和载荷都大幅提高。彩虹-4中程无人机系统的主要装备构成包括：中程无人机、地面车载遥测遥控站和地面保障设备。最远航程能达到3500千米，巡航时间可达40小时，期间无须加油。该飞机装有照相、摄像等装置，SAR雷达，通信设备，除了常规侦查以外，还可以挂载精确制导武器，对地面固定和低移动目标精确打击。外贸的彩虹-4无人机有效载荷是345千克，而我国自用版本的载荷高达900千克，新研发的彩虹-5无人机更是可

我国的无人机发展很快，图为"云影"无人机，该机在2016年的珠海航展上第一次公开展示，是一种多功能的察—打一体无人机

以挂载 16 枚精确制导弹药，我国为"彩虹"系列无人机还专门研发了 AR-1 型激光制导导弹，这是世界上第一种无人机专用精确制导武器。

除此之外，在 2016 年的珠海航展上又展示了我国多种新型无人飞行器，其中包括一种可以挂载轻型反舰导弹的无人攻击机，这是我国第一种曝光的可以执行反舰作战任务的无人机，可以说，这开创了海上作战的新战法。实际上，将无人机应用于海基领域，我国也早有先例，除了一种垂直起降的侦察无人机以外，彩虹-4 无人机也已经应用在海上作战领域。据 2015 年 6 月 12 日的《中国航天报》报道，我国航天科技集团公司十一院在山东省烟台市沿海地区成功实施了"蓝色海鸥"彩虹-4 无人机海洋应用示范。这是我国首次进行大型中空长航时无人机系统的海洋应用示范。此次海洋试验的彩虹-4 无人机上装备了高光谱相机、激光雷达、高清 CCD 面阵相机、高清三合一载荷及卫星通信等传感器和设备，实现了极高的三维数据、高光谱和高分影像获取能力。无人机通过数据实时传输，介入了指挥大厅，实现了对所监测目标区域实时发现、实时判别、实时监测，加强了海上应急事件的监测和处理能力。

报道中虽未提及攻击任务，但是作为一种有效载荷可达 900 千克的察—打一体无人机，彩虹-4 搭载反舰导弹作战也并非是不能实现的任务，而现在，新型的喷气式反舰无人机的出现，更是进一步地显示了我国在海基领域运用无人机的广阔前景。

除了大型长航时的察—打一体无人机和侦察无人机，我国还发展了一种和美国网络化、智能化、分布式概念不谋而合的无人机系统。同样也是在 2016 年的珠海航展上第一次展示，这种小型无人机集群可以以多架为编组，分布在同一个战区上空巡航，每一个小飞机都可以看作是一个传感器节点，多架的编组就可以实现对整个战场态势的全面掌握。除此之外，这种飞机还具备选择目标攻击的能力，在全面掌握战场态势的同时，还可以发起攻击。同时，小型化的飞行器又难以被探测和拦截，可以说是对网络化、智能化、分布式的监测—打击系统最好的诠释。其实，从小处说，这些无人机构成了一个战术级的监测—打击系统，从大处说，我国新研发的系列大型长航时察—打一体无人机，又能构成一个战役级的监测和打击系统，最大化地展示出信息化作战的威力。

可以想见，终有一天，这些无人的作战"小精灵"，将会遍布在战场的天空中，以强有力的电磁干扰和精确的信号侦察赢得指挥官的信任，也终将占据航空支援武器的重要一席，从而取代有人的电子战机和侦察机。

我国最新研发的无人预警机EA-03"翔龙"，它在大西南和青藏高原的中国"高边疆"地区发挥了重大作用

预警机会不会有一天也会被无人机取代呢？我国最新研发的"无人预警机"，显然它是没有指挥能力的，但是结合军事网络化建设，它却可以将军事情报传送给陆地指挥中心，再将作战指令传送出去，成为一个节点，由此实现了"分布式"的新理念。这会不会是未来无人机发展的又一个里程碑呢？我们将拭目以待。

后　记

　　为保证资料的准确性、权威性，精确深刻地为青少年读者展示丰富多彩的军事世界，增强本书的可读性和饱满性，笔者在创作过程中，参考了国内预警机和军用雷达以及军事战史方面的有关资料，主要包括：电子工业出版社出版的《预警机——信息化战争的空中帅府》；《海陆空天惯性世界》杂志刊登的《E-8"联合星"的今生未来》；解放军出版社出版的《保卫祖国领空的战斗》；《兵器》杂志2014年特刊中的《苏/俄伊尔-76运输机发展史》；《兵器知识》杂志刊登的《专访我国现代预警机事业奠基人——王小谟院士》；解放军出版社出版的《空中指挥中心——预警机》，滕海峰、周先耀的著作《预警机在中国》；《国际电子战》杂志刊登的《电子战史话》；解放军出版社出版的《世界经典战例·战争卷》《世界经典战例·战役卷》；指文文化出版的《东南亚空战1945～1975》；《电讯技术》杂志刊登的《E-2D预警机航空电子系统及其在未来网络中心中的应用》等。笔者对以上著作的创作者及出版社以及在创作过程中提供支持的各位友人表示特别感谢！